应用型本科　机械类专业"十三五"规划教材

机械设计课程设计

张立强　编著

西安电子科技大学出版社

内 容 简 介

本书根据《高等学校机械设计课程教学基本要求》，结合我校在机械设计课程设计教学方面的经验编写而成。

全书共八章，重点阐述了圆柱齿轮减速器的设计内容和过程，选编了相关的最新机械设计标准。本书主要内容有：课程设计概述、机械传动装置的总体设计、传动装置的设计计算、减速器的结构与润滑、减速器的装配图设计、零件工作图设计、设计计算说明书的编写及答辩准备、常用标准及规范。

本书可作为高校机械类和近机械类专业机械设计课程设计的教材，也可作为其他类型院校机械设计课程设计的教材，还可供有关工程技术人员参考。

图书在版编目(CIP)数据

机械设计课程设计/张立强编著. —西安：西安电子科技大学出版社，2017.5
应用型本科　机械类专业"十三五"规划教材
ISBN 978-7-5606-4396-0

Ⅰ. ①机…　Ⅱ. ①张…　Ⅲ. ①机械设计—课程设计　Ⅳ. ①TH122-41

中国版本图书馆 CIP 数据核字(2017)第 068819 号

策　　划　马乐惠
责任编辑　杨　璠
出版发行　西安电子科技大学出版社(西安市太白南路 2 号)
电　　话　(029)88242885　88201467　　　邮　编　710071
网　　址　www.xduph.com　　　　　　电子邮箱　xdupfxb001@163.com
经　　销　新华书店
印刷单位　陕西大江印务有限公司
版　　次　2017 年 5 月第 1 版　2017 年 5 月第 1 次印刷
开　　本　787 毫米×1092 毫米　1/16　印 张 8
字　　数　183 千字
印　　数　1～3000 册
定　　价　15.00 元

ISBN 978 - 7 - 5606 - 4396 - 0/TH

XDUP 4688001-1

西安电子科技大学出版社

应用型本科 机械类专业系列"十三五"规划教材
编审专家委员名单

主　任：张　杰（南京工程学院 机械工程学院 院长/教授）

副主任：杨龙兴（江苏理工学院 机械工程学院 院长/教授）

　　　　张晓东（皖西学院 机电学院 院长/教授）

　　　　陈　南（三江学院 机械学院 院长/教授）

　　　　花国然（南通大学 机械工程学院 副院长/教授）

　　　　杨　莉（常熟理工学院 机械工程学院 副院长/教授）

成　员：（按姓氏拼音排列）

　　　　陈劲松（淮海工学院 机械学院 副院长/副教授）

　　　　高　荣（淮阴工学院 机械工程学院 副院长/教授）

　　　　郭兰中（常熟理工学院 机械工程学院 院长/教授）

　　　　胡爱萍（常州大学 机械工程学院 副院长/教授）

　　　　刘春节（常州工学院 机电工程学院 副院长/副教授）

　　　　刘　平（上海第二工业大学 机电工程学院机械系 系主任/教授）

　　　　茅　健（上海工程技术大学 机械工程学院 副院长/副教授）

　　　　王荣林（南京理工泰州科技学院 机械工程学院 副院长/副教授）

　　　　王树臣（徐州工程学院 机电工程学院 副院长/教授）

　　　　吴　雁（上海应用技术学院 机械工程学院 副院长/副教授）

　　　　吴懋亮（上海电力学院 能源与机械工程学院 副院长/副教授）

　　　　许德章（安徽工程大学 机械与汽车工程学院 院长/教授）

　　　　许泽银（合肥学院 机械工程系 主任/副教授）

　　　　周　海（盐城工学院 机械工程学院 院长/教授）

　　　　周扩建（金陵科技学院 机电工程学院 副院长/副教授）

　　　　朱龙英（盐城工学院 汽车工程学院 院长/教授）

　　　　朱协彬（安徽工程大学 机械与汽车工程学院 副院长/教授）

前　言

本书是编者根据《高等学校机械设计课程教学基本要求》，结合应用型本科的教学特点，以及在机械设计课程设计教学方面的经验编写而成的，主要供高等院校机械类和近机械类专业学生以圆柱齿轮减速器为主进行课程设计时使用和参考。

本书主要包括机械设计课程设计指导和相关的最新机械设计标准两部分内容，将设计指导与相关标准进行整合，便于学生使用。课程设计指导以一个带式运输机传动系统设计为主线，详细叙述了整个设计思路和设计过程。减速器设计部分以单级圆柱齿轮减速器设计为例，仔细介绍了每个步骤的主要内容、设计计算方法与原理，对重点内容进行深入分析，力求使学生深刻领会机械设计的内涵精神，提升机械设计的能力；对所附减速器装配图、轴的零件图和齿轮零件图，力求做到图形尺寸标注和技术条件完整、准确、规范。机械设计标准的选编以精简、够用、最新为原则。

在编写本书的过程中，编者参考了相关教材的内容，得到了上海工程技术大学机械工程学院机械设计教研室老师的大力支持和帮助，他们对本书提出了很多合理化的建议。上海交通大学王宇晗研究员审阅了本书，并提出了很多宝贵意见。在此，一并致以由衷的谢意！

由于编者水平有限，成书时间仓促，不妥之处在所难免，敬请同仁及读者批评指正。

编　者

2016 年 12 月

目　录

第 1 章　课程设计概述

1.1　课程设计的目的

课程设计是机械设计课程重要的综合性与实践性教学环节。课程设计的基本目的如下：

(1) 综合运用机械设计课程和其他先修课程的知识，分析和解决机械设计问题，进一步巩固、加深和拓宽所学知识。

(2) 通过设计实践，逐步树立正确的设计思想，增强创新意识，熟练掌握机械设计的一般规律，培养分析问题和解决问题的能力。

(3) 通过设计计算、绘图以及运用技术标准、规范、设计手册等有关设计资料，进行全面的机械设计基本技能的训练。

1.2　课程设计的内容

1．课程设计任务书(一)

题目：铸工车间自动送砂带式运输机传动装置设计。

内容：传动装置的总体设计；传动零件、轴、轴承、联轴器等的设计计算和选择；装配图和零件图设计；编写设计计算说明书。

课程设计中要求完成以下工作：

(1) 减速器装配图 1 张(A1)；

(2) 低速轴工作图 1 张(A3)；

(3) 大齿轮工作图 1 张(A3)；

(4) 设计计算说明书 1 份。

图 1-1 为运输机传动方案示意图(一)。

其他条件：双班制工作，连续单向运转，有轻微震动，室内工作，有粉尘，小批量生产，底座(为传动装置的独立底座)用型钢焊接。

设计参数：具体见表 1-1。

表 1-1　带式运输机的设计参数(方案一)

设计参数分组	A	B	C	D
传动带鼓轮转速/(r/min)	75	100	125	150
鼓轮轴输入功率/kW	3	3.3	3.5	4
使用年限/年	5	5	6	6

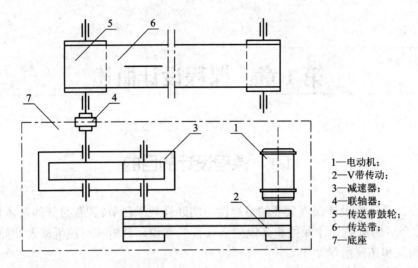

图 1-1 运输机传动方案示意图(一)

1—电动机;
2—V带传动;
3—减速器;
4—联轴器;
5—传送带鼓轮;
6—传送带;
7—底座

2．课程设计任务书(二)

题目：铸钢车间型砂传送带传动装置设计。

课程设计中要求完成以下工作：

(1) 减速器装配图 1 张(A0)；

(2) 低速轴工作图 1 张(A3)；

(3) 低速级大齿轮工作图 1 张(A3)；

(4) 设计计算说明书 1 份。

图 1-2 为运输机传动方案示意图(二)。

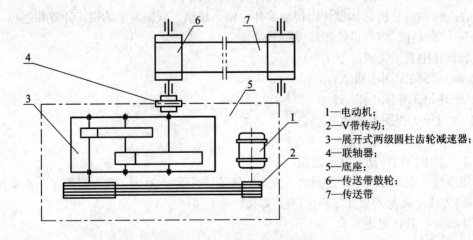

1—电动机;
2—V带传动;
3—展开式两级圆柱齿轮减速器;
4—联轴器;
5—底座;
6—传送带鼓轮;
7—传送带

图 1-2 运输机传动方案示意图(二)

其他条件：双班制工作，连续单向运转，使用期限为 8 年，有轻微震动，室内工作，有粉尘，小批量生产，底座(为传动装置的独立底座)用型钢焊接。

设计参数：具体见表 1-2。

表 1-2　带式运输机的设计参数(方案二)

设计参数分组	A	B	C	D	E	F	G	H
传动带的速度(m/s)	0.63	0.75	0.85	0.80	0.80	0.70	0.75	0.84
鼓轮直径/mm	300	330	350	350	380	300	320	360
鼓轮轴所需扭矩/(N·m)	700	670	650	950	1050	900	900	660

1.3　课程设计的步骤

课程设计的一般进程和步骤见表 1-3。

表 1-3　课程设计的进程和步骤

设计准备	明确设计任务；现场拆装减速器；准备设计资料及绘图工具
传动装置总体设计	拟定传动方案；选择电动机；计算传动装置运动和动力参数
传动零件设计计算	各级传动零件的设计计算
装配图设计	初步绘制减速器装配草图；轴系部件的结构设计及轴、轴承、键连接等的计算；减速器箱体及其附件设计；完成装配工作图
零件工作图设计	绘制指定零件的工作图
编写设计说明书	整理和编写课程设计计算说明书
设计总结及答辩	进行课程设计总结，完成答辩准备工作

1.4　课程设计要求和注意事项

机械设计课程设计是学生第一次进行的比较全面的综合训练。在设计过程中必须严肃认真、刻苦钻研、一丝不苟、精益求精，还要积极思考、主动提问，并及时向指导老师汇报情况。此外，为了能在设计思想、设计方法和设计技能方面都得到比较大的锻炼和提高，还应注意以下几点：

(1) 参考和创新的关系。设计是一项复杂、细致的工作，任何设计都不可能脱离前人长期经验积累的资料而凭空想象出来。熟悉和利用已有的资料，既可避免许多重复工作，加快设计进程，同时也能保证设计质量。善于掌握和使用各种资料正是设计工作能力的重要体现，然而，任何新的设计任务总是具有其特定的设计要求和具体的工作条件，因而在设计时不可盲目、机械地抄袭资料，而应具体地分析、吸收新的技术成果，创造性地进行设计。

(2) 课程设计应在教师指导下由学生独立完成。教师的主导作用在于指明设计思路，启发学生独立思考，解答疑难问题，并按设计进度进行阶段审查。学生必须发挥自己的主观能动性，积极主动地思考问题、分析问题、解决问题，而不是过分依赖教师，避免"知其然，不知其所以然"。

(3) 标准和规范的采用。设计中采用标准和规范，既可使零件具备良好的互换性和加工工艺性，收到较好的经济效益，又可减轻设计工作量，节省设计时间。因此，熟悉和使用标准也是课程设计的重要任务之一，如带轮的直径、带的基准长度、齿轮的模数、轴承的尺寸等应取标准值。为了制造、测量和安装的方便，一些非标准件的尺寸，如轴的各段直径，应尽量圆整成标准数值或选用优先数值。

第 2 章　机械传动装置的总体设计

传动装置的总体设计主要包括分析和拟定传动方案、选择电动机型号、计算总传动比和分配各级传动比、计算传动装置的运动和动力参数，为设计传动零件和装配草图提供依据。

2.1　拟定传动方案

机器通常由原动机、传动装置和工作机三部分组成。传动装置位于原动机和工作机之间，用来传递运动和动力，并可用以改变转速、转矩的大小或改变运动形式，以适应工作机的功能要求。传动装置的设计对整台机器的性能、尺寸、重量和成本都有很大影响，因此应当合理地拟定传动方案。

传动方案一般用运动简图表示。拟定传动方案就是根据工作机的功能要求和工作条件，选择合适的传动机构类型，确定各类传动机构的布置顺序及各组成部分的连接方式，绘出传动装置的运动简图。

满足同一种工作机的性能要求往往有多种方案，可通过选用不同的传动机构来实现。图 2-1 为带式运输机的四种传动方案。

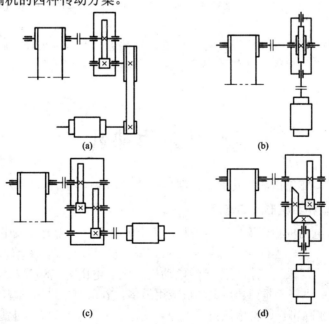

图 2-1　带式运输机的四种传动方案

在图 2-1(a)所示的传动方案中，传动装置由普通 V 带传动机构和一级圆柱齿轮减速器组成；在图 2-1(b)所示的传动方案中，传动装置是一级蜗杆传动减速器；在图 2-1(c)所示的传动方案中，传动装置为二级展开式圆柱齿轮减速器；在图 2-1(d)所示的传动方案中，传动装置是圆锥-圆柱齿轮减速器。图 2-1(b)所示的方案结构紧凑，但在长期连续运转的条件下，由于蜗杆的传动效率低，其功率损失较大；图 2-1(d)所示的方案中，装置的宽度尺寸较图 2-1(c)所示的方案中装置的宽度要小，但圆锥齿轮的加工较圆柱齿轮困难；图 2-1(a)所示的方案中，装置的宽度和长度尺寸都比较大，且带传动不适合用于繁重的工作条件和恶劣的工作环境，但带传动有过载保护的优点，还可以缓和冲击和震动，因此这种方案也得到了广泛应用。

在选择机械传动类型、布置传动顺序、拟定传动方案时，可参考以下几点：

(1) 带传动机构承载能力较低，在传递相同转矩时，结构尺寸较其他形式大，但传动平稳，能缓冲吸震，宜布置在传动系统的高速级，以降低传递的转矩，减小带传动的结构尺寸。

(2) 链传动机构传动平稳性差，运转时有冲击，宜布置在低速级。

(3) 斜齿轮传动较直齿轮传动平稳，常应用于高速级。

(4) 圆锥齿轮的加工比较困难，只有在必须改变运动的传递方向时才采用，一般置于高速级，并限制传动比，以减少其直径和模数。

(5) 蜗杆传动机构大多用于传动比大而功率不大的情况下，其承载能力较齿轮传动低，适宜布置在传动的高速级，以获得较小的结构尺寸。

(6) 开式齿轮传动机构因工作条件差，润滑不良，一般应布置在低速级。

(7) 当减速器传动比大于 8 时，应考虑采用二级以上减速器，或增加一级其他机械传动装置。

(8) 在一般情况下，总是将改变运动形式的机构(如连杆机构、凸轮机构等)布置在传动系统的末端。

课程设计要求学生从整体出发，对多种可行方案进行比较分析，了解其优缺点，并画出传动装置方案图。若课程设计任务中已给出了传动方案，则应分析方案的合理性，也可提出改进意见。

2.2 选择电动机

电动机的选择主要包括选择其类型、结构形式、功率(容量)和转速，确定具体型号。

1. 电动机类型和结构形式的选择

电动机分交流电动机和直流电动机两种。直流电动机由于需要直流电源，结构较复杂，价格较高，维护不方便，因此无特殊要求时不宜采用。交流电动机有异步电动机和同步电动机两类。工业上广泛采用三相交流异步电动机，额定电压为 380 V。异步电动机有笼型和绕线型两种，其中以普通笼型异步电动机应用最多。Y 系列全封闭自扇冷式笼型三相异步电动机结构简单、工作可靠、价格低廉、维护方便，适用于不易燃、不易爆、无腐蚀性和无特殊要求的机械上。在易燃易爆场合应选用防爆电动机，如 YB 系列电动机。电动机已经系列化、标准化，在设计时应根据工作载荷、工作要求、工作环境、安装要求及尺寸、重量等条件进行选择。Y 系列电动机的外形和安装尺寸如图 2-2 所示，技术数据参见 8.2 节。

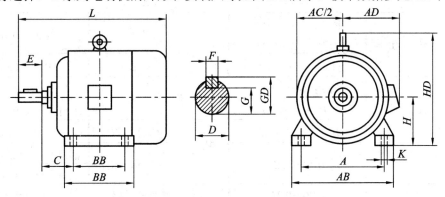

图 2-2　Y 系列异步电动机外形和安装尺寸

三相交流异步电动机的铭牌上标有额定功率和满载转速。额定功率是指在连续运转的条件下，电动机发热不超过许可温升的最大功率。满载转速是指负载达到额定功率时的电动机转速。

2．确定电动机的功率

电动机的功率选择是否合适，对电动机的工作和经济性都有影响。若功率小于工作要求，则不能保证工作机的正常工作，或使电动机因长期超载运行而过早损坏；若功率选择过大，则电动机的价格高，传动能力得不到充分利用，且由于电动机经常在轻载下运行，其效率和功率因数都较低，造成能源浪费。

对于载荷比较稳定、长期运转的机械，通常按照电动机的额定功率选择，而不必校核电动机的发热量和启动转矩。选择电动机功率时，应保证电动机的额定功率 P_{ed} 等于或稍大于工作机所需的电动机功率 P_d，即

$$P_{ed} \geqslant P_d \tag{2-1}$$

工作时所需电动机的输出功率为

$$P_d = \frac{P_w}{\eta} \quad (kW) \tag{2-2}$$

式中：P_w 为工作机所需功率，指输入工作机轴的功率(单位为 kW)；η 为由电动机到工作机主动轴的传动装置总效率，应为组成传动装置的各部分运动副效率的乘积，即

$$\eta = \eta_1 \cdot \eta_2 \cdot \eta_3 \cdots \eta_n \tag{2-3}$$

式中，η_1、η_2、η_3、$\cdots$、η_n 分别为传动装置中各零部件的效率，机械传动的效率概略值见表 2-1。

工作机所需功率 P_w 由工作机的工作阻力和运动参数计算确定。在课程设计中，可按设计任务书给定的工作机参数计算求得。

当已知工作机主动轴的输出转矩 T(单位为 N·m)和转速 n_w(单位为 r/min)时，工作机主动轴所需功率为

$$P_w = \frac{T n_w}{9550} \quad (kW) \tag{2-4}$$

表 2-1　机械传动的效率概略值

类　别		传动效率 η	类　别		传动效率 η
齿轮传动	圆柱齿轮	闭式：0.96～0.98（7～9 级精度）	带传动	平带	0.95～0.98
		开式：0.94～0.96		V 带	0.94～0.97
	圆锥齿轮	闭式：0.94～0.97（7～8 级精度）	滚子链传动		闭式：0.94～0.97
		开式：0.92～0.95			开式：0.90～0.93
蜗杆传动	自锁	0.40～0.45	轴承	滚动轴承(一对)	0.98～0.995
				滑动轴承(一对)	润滑不良，0.94～0.97
	单头	0.70～0.75			润滑良好，0.97～0.99
	双头	0.75～0.82	联轴器	弹性联轴器	0.99～0.995
				齿式联轴器	0.99
	三头和四头	0.80～0.92		十字沟槽联轴器	0.97～0.99

若给出带式输送机驱动卷筒的圆周力(卷筒牵引力)F(单位为 N)和输送带速度 v(单位为 m/s)，则卷筒轴所需功率为

$$P_w = \frac{Fv}{1000} \quad (\text{kW}) \tag{2-5}$$

输送带速度 v 与卷筒直径 D(单位为 mm)、卷筒轴转速 n 的关系为

$$v = \frac{\pi Dn}{60 \times 1000} \quad (\text{m/s}) \tag{2-6}$$

3. 确定电动机的转速

同类型功率相同的电动机有几种不同的转速可供选用。三相异步电动机的同步转速一般有 3000 r/min(2 极)、1500 r/min(4 极)、1000 r/min(6 极)和 750 r/min(8 极)四种。电动机的同步转速越高，磁极对数越少，尺寸越小，重量越轻，价格也越低，但电动机的转速与工作机转速相差过多，势必使总传动比加大，引起传动装置的尺寸和重量增加，使成本增加。若选用较低转速的电动机，则情况正好相反，即传动装置的外形尺寸、重量减少，而电动机的尺寸和重量增大，价格提高。因此，在确定电动机转速时，应进行分析比较，权衡利弊，选择最优方案。课程设计中常选用同步转速为 1500 r/min 或 1000 r/min 的两种电动机(轴不需逆转时常用 1500 r/min)。

为合理设计传动装置，根据工作机主动轴转速要求和各传动副的合理传动比范围，可推算出电动机转速的可选范围，即

$$n_d' = i'n = (i_1' \cdot i_2' \cdot i_3' \cdots i_n')n \quad (\text{r/min}) \tag{2-7}$$

式中：n_d' 为电动机可选转速范围(单位为 r/min)；i' 为传动装置总传动比的合理范围；i_1'、i_2'、…、i_n' 为各级传动副传动比的合理范围，常用机械传动的单级传动比推荐值见表 2-2；n 为工作机主动轴转速(单位为 r/min)。

表 2-2　常用机械传动的单级传动比推荐值

类型	平带传动	V 带传动	圆柱齿轮传动	圆锥齿轮传动	蜗杆传动	链传动
推荐值	2～4	2～4	3～6	直齿 2～3	10～40	2～5
最大值	5	7	10	直齿 6	80	7

查阅电动机产品目录(参见 8.2 节)，符合 $P_{ed} \geqslant P_d$ 和转速范围 n_d' 的电动机有多种，应综合考虑电动机和传动装置的尺寸、重量、工作条件和场合，对几种方案进行比较，确定电动机的额定功率 P_{ed} 和转速 n_d，查出其型号、性能参数和主要尺寸，并将电动机型号、额定功率、满载转速、外形尺寸、电动机中心高、轴伸尺寸和键连接尺寸等记录下来备用。

2.3　总传动比的计算与分配

1. 总传动比的计算

电动机型号确定后，根据电动机的满载转速 n_d 和工作机的主动轴转速 n，就可计算传动装置的总传动比，即

$$i = \frac{n_d}{n} \tag{2-8}$$

传动装置一般由多级串联而成，则总传动比等于各级传动比的乘积，即

$$i = i_1 \cdot i_2 \cdot i_3 \cdots i_n \tag{2-9}$$

2. 总传动比的分配

合理分配传动比，可使传动装置得到较小的外形尺寸或较小重量，实现降低成本和结构紧凑的目的，也可使传动零件获得较低的圆周速度以减小动载荷或降低传动精度等级，还可得到较好的润滑条件。要同时达到这几方面的要求比较困难，因此应按设计要求考虑传动比分配方案，满足某些主要要求。

(1) 各级传动的传动比应在其推荐范围内选取，不超出允许的最大值，以符合各种传动形式的工作特点，并使结构比较紧凑。各种传动装置的传动比范围见表 2-2。

(2) 应使各级传动机构尺寸协调，结构均匀合理，利于安装，防止相互干涉。例如，在由带传动机构和单级圆柱齿轮减速器组成的传动装置中，为防止大带轮和底架相碰，通常应使带传动的传动比小于齿轮传动的传动比。如果带传动的传动比过大，就有可能使大带轮半径大于减速器中心高，使带轮与底架相碰。

(3) 应尽可能使传动装置的结构紧凑、重量小。

(4) 要保证传动零件之间不会干涉和碰撞。

(5) 当传动级数较多时，按"前小后大"的原则，即从高速轴到低速轴的传动比依次增大，这样可使中间轴具有较高的转速和较小的转矩，从而减小其尺寸和重量。

分配的各级传动比只是初步选定的数值，传动装置的精确传动比要利用传动件参数计

算，例如齿轮副的传动比为齿数比，带传动副的传动比为带轮直径比。因此，工作机的实际转速要在传动件设计计算完成后进行核算，如不在允许误差范围内，则应重新调整传动件参数，甚至重新分配传动比。对于转速要求不太严格的工作机构，转速误差一般允许在 $\pm(3\sim5)\%$ 的范围内。

2.4　传动装置的运动和动力参数计算

传动装置的运动和动力参数是指各轴的转速、功率和转矩。这些参数是设计传动零件(如齿轮、带轮)和轴时所必需的已知条件。

计算时，可以按从高速轴到低速轴的顺序进行。首先，将传动装置各轴从电动机开始，依运动传递路线，由高速至低速依次标定为 0 轴(电动机轴)、Ⅰ轴、Ⅱ轴……n 轴(工作机主动轴)。然后，计算各运动副及连接效率，从电动机轴开始至工作机的运动传递路线进行推算，得到各轴的运动和动力参数。

1．各轴转速和传动比的计算

电动机轴的转速可按电动机额定功率时的转速，即满载转速 n_d 来计算，这一转速和实际工作时的转速相差不大；通过联轴器相连接的两轴，其转速相同；通过传动装置相连接的两轴的传动比就是该传动装置的传动比。

2．各轴的输入、输出功率计算

电动机的输出功率通常用工作机所需电动机功率 P_d 进行计算，而非电动机的额定功率 P_{ed}。只有当有些通用设备为适应不同工作的需要，要求传动装置具有较大的通用性和适应性时，才按电动机的额定功率 P_{ed} 来设计传动装置。

3．各轴的输入、输出转矩计算

轴的输入、输出功率不同，相应地，轴的转矩也有输入、输出之分。若该轴的转速为 n，则该轴的输入转矩 $T_入$ 和输出转矩 $T_出$ 分别对应于该轴的输入功率 $P_入$ 和输出功率 $P_出$，即

$$T_入 = 9550 \times \frac{P_入}{n} \tag{2-10}$$

$$T_出 = 9550 \times \frac{P_出}{n} \tag{2-11}$$

也就是说，其输出转矩与输入转矩相差一轴承效率，即

$$T_出 = T_入 \eta_{轴承} \tag{2-12}$$

【例 2-1】　如图 2-3 所示的带式输送机传动方案，已知驱动鼓轮卷筒轴输入端所需转矩 $T = 650$ N·m，卷筒转速 $n = 60$ r/min，卷筒直径 $D = 400$ mm。带式输送机滚筒单向连续转动，载荷平稳，有轻微冲击，三班制工作，每年工作 300 天，设计寿命为 10 年，每年检修一次，试选择合适的电动机，分配各级传动比，并计算各轴的运动和动力参数。

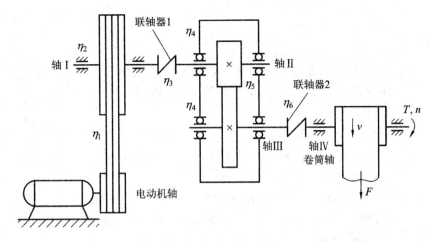

图 2-3　带式输送机传动方案

解　求解步骤见表 2-3。

表 2-3　例 2-1 计算过程

计算项目	计算与说明	主要结果
1. 选择电动机类型	按工作要求和条件，选用 Y 系列三相笼型异步电动机，封闭式结构，额定电压为 380 V	Y 系列
2. 确定电动机额定功率	(1) 工作机所需功率为 $$P_w = \frac{Tn}{9550} = \frac{650 \times 60}{9550} = 4.08 \text{ (kW)}$$ (2) 求由电动机至鼓轮主动轴传动的总效率。从电动机轴到鼓轮主动轴输入端共有 7 级，则 $$\eta = \eta_1 \cdot \eta_2 \cdot \eta_3 \cdot \eta_4^2 \cdot \eta_5 \cdot \eta_6$$ 式中：η_1 为带传动的效率，取 $\eta_1 = 0.96$；η_2 为滑动轴承的效率，取 $\eta_2 = 0.97$；η_3 为弹性联轴器 1 的效率，取 $\eta_3 = 0.99$；η_4 为滚动轴承的效率，取 $\eta_4 = 0.98$；η_5 为闭式齿轮传动副的效率，取 $\eta_5 = 0.97$；η_6 为弹性联轴器 2 的效率，取 $\eta_6 = 0.99$。因此，总效率为 $$\eta = 0.96 \times 0.97 \times 0.99 \times 0.98^2 \times 0.97 \times 0.99 = 0.85$$ (3) 所需电动机的功率为 $$P_d = \frac{P_w}{\eta} = \frac{4.08}{0.85} = 4.8 \text{ (kW)}$$ (4) 确定电动机的额定功率。电动机的额定功率要略大于所需电动机的功率，即 $P_{ed} \geqslant P_d$，查阅第 8 章表 8-8，选电动机的额定功率为 $P_{ed} = 5.5$ kW	工作机功率为 $P_w = 4.08$ kW $\eta_1 = 0.96$ $\eta_2 = 0.97$ $\eta_3 = 0.99$ $\eta_4 = 0.98$ $\eta_5 = 0.97$ $\eta_6 = 0.99$ 总效率为 $\eta = 0.85$ 所需电机功率为 $P_d = 4.8$ kW

计算项目	计 算 与 说 明	主要结果
3．确定电动机的转速	(1) 求总传动比范围。传动装置是由带传动和一级减速器组成的，带传动比范围为 $i_1' = 2 \sim 4$，一级减速器传动比范围为 $i_2' = 3 \sim 6$，则总传动比范围为 $i' = i_1' \cdot i_2' = 6 \sim 24$。 (2) 电动机的转速可选范围为 $$n_d' = i'n = i_1' \cdot i_2' \cdot n = (6 \sim 24) \times 60 = (360 \sim 1440) \text{ r / min}$$ (3) 确定电动机的转速。符合 360～1440 r/min 这一范围的同步转速为 750 r/min、1000 r/min，同时也可选同步转速为 1500 r/min 的电动机，故有三种方案可选。综合考虑电动机和传动装置的尺寸、重量、价格等，选择电动机型号为 Y132M2-6，其主要性能参数见表 2-4，外形及安装尺寸见图 2-2 和表 2-5	电动机转速可选范围为 360～1440 r/min 电动机型号为 Y132M2-6
4．总传动比	电动机的型号为 Y132M2-6，满载转速 $n_d = 960$ r/min，卷筒转速 $n = 60$ r/min，可得总传动比为 $$i = \frac{n_d}{n} = \frac{960}{60} = 16$$	总传动比为 $i = 16$
5．分配传动比	传动装置是由带传动机构和一级减速器组成的，总传动比为 $$i = i_1 \cdot i_2$$ 初选带传动机构的传动比 $i_1 = 3.1$，则减速器的传动比 i_2 为 $$i_2 = \frac{i}{i_1} = \frac{16}{3.1} = 5.16$$	带传动传动比为 $i_1 = 3.1$ 减速器传动比为 $i_2 = 5.16$
6．各轴转速和传动比的计算	(1) 电动机的满载转速为 $$n_d = 960 \text{ r / min}$$ (2) 电动机轴 0 和轴 I 的传动比就是带传动的传动比，即 $$i_{0I} = i_1 = 3.1$$ (3) 轴 I 的转速为 $$n_I = \frac{n_d'}{i_1} = \frac{960}{3.1} = 309.68 \text{ (r / min)}$$ (4) 轴 II 与轴 I 通过联轴器 1 相连接，其转速为 $$n_{II} = n_I = 309.68 \text{ (r / min)}$$ (5) 轴 III 与轴 II 的传动比就是减速器的传动比，即 $$i_{II\,III} = i_2 = 5.16$$ (6) 轴 III 的转速为 $$n_{III} = \frac{n_{II}}{i_2} = \frac{309.68}{5.16} = 60.016 \text{ (r / min)}$$ (7) 鼓轮卷筒轴 IV 的转速就是轴 III 的转速，即 $$n_{IV} = n_{III} = 60.016 \text{ (r / min)}$$ 该转速与题目中所要求的鼓轮卷筒的转速 $n = 60$ r / min 相一致	$n_d = 960$ r / min $i_{0I} = i_1 = 3.1$ $n_I = 309.68$ r / min $n_{II} = 309.68$ r / min $i_{II\,III} = i_2 = 5.16$ $n_{III} = 60.016$ r / min $n_{IV} = 60.016$ r / min

续表二

计算项目	计 算 与 说 明	主要结果
7. 各轴输入、输出功率的计算	(1) 电动机轴的输出功率按工作所需电动机功率 P_d 计算，即 $$P_d = 4.8 \text{ kW}$$	$P_d = 4.8 \text{ kW}$
	(2) 轴 I 通过带传动机构输入功率，带传动的效率 $\eta_1 = 0.96$，故该轴的输入功率为 $$P_{I\lambda} = P_d \cdot \eta_1 = 4.8 \times 0.96$$ $$= 4.608 \text{ (kW)}$$	$P_{I\lambda} = 4.608 \text{ kW}$
	(3) 轴 I 通过克服滑动轴承的摩擦输出功率，滑动轴承的效率 $\eta_2 = 0.97$，故该轴的输出功率为 $$P_{I\text{出}} = P_{I\lambda} \cdot \eta_2 = 4.608 \times 0.97$$ $$= 4.470 \text{ (kW)}$$	$P_{I\text{出}} = 4.470 \text{ kW}$
	(4) 轴 II 通过联轴器 1 与轴 I 相连接，联轴器 1 的效率 $\eta_3 = 0.99$，故该轴的输入功率为 $$P_{II\lambda} = P_{I\text{出}} \cdot \eta_3 = 4.470 \times 0.99$$ $$= 4.425 \text{ (kW)}$$	$P_{II\lambda} = 4.425 \text{ kW}$
	(5) 轴 II 通过克服滚动轴承的摩擦输出功率，滚动轴承的效率 $\eta_4 = 0.98$，故该轴的输出效率为 $$P_{II\text{出}} = P_{II\lambda} \cdot \eta_4 = 4.425 \times 0.98$$ $$= 4.337 \text{ (kW)}$$	$P_{II\text{出}} = 4.337 \text{ kW}$
	(6) 轴 III 通过齿轮传动副输入功率，齿轮传动副的效率 $\eta_5 = 0.97$，故该轴的输入功率为 $$P_{III\lambda} = P_{II\text{出}} \cdot \eta_5 = 4.337 \times 0.97$$ $$= 4.207 \text{ (kW)}$$	$P_{III\lambda} = 4.207 \text{ kW}$
	(7) 轴 III 通过克服滚动轴承的摩擦输出功率，滚动轴承的效率 $\eta_4 = 0.98$，故该轴的输出功率为 $$P_{III\text{出}} = P_{III\lambda} \cdot \eta_4 = 4.207 \times 0.98$$ $$= 4.123 \text{ (kW)}$$	$P_{III\text{出}} = 4.123 \text{ kW}$
	(8) 轴 IV 通过联轴器 2 与轴 III 相连接，联轴器 2 的效率 $\eta_6 = 0.99$，故该轴的输入功率为 $$P_{IV\lambda} = P_{III\text{出}} \cdot \eta_6 = 4.123 \times 0.99$$ $$= 4.082 \text{ (kW)}$$ 该功率值与工作机工作所需功率 $P_w = 4.08 \text{ kW}$ 一致	$P_{IV\lambda} = 4.082 \text{ kW}$

计算项目	计算与说明	主要结果
8. 各轴输入、输出转矩的计算	(1) 电动机轴的输出转矩为 $$T_{\mathrm{d}} = 9550 \times \frac{P_{\mathrm{d}}}{n_{\mathrm{d}}} = 9550 \times \frac{4.8}{960} = 47.75 \ (\mathrm{N \cdot m})$$ (2) 轴 I 的输入、输出转矩分别为 $$T_{\mathrm{I入}} = 9550 \times \frac{P_{\mathrm{I入}}}{n_{\mathrm{I}}} = 9550 \times \frac{4.608}{309.68} = 142.103 \ (\mathrm{N \cdot m})$$ $$T_{\mathrm{I出}} = 9550 \times \frac{P_{\mathrm{I出}}}{n_{\mathrm{I}}} = 9550 \times \frac{4.470}{309.68} = 137.85 \ (\mathrm{N \cdot m})$$ (3) 轴 II 的输入、输出转矩分别为 $$T_{\mathrm{II入}} = 9550 \times \frac{P_{\mathrm{II入}}}{n_{\mathrm{II}}} = 9550 \times \frac{4.425}{309.68} = 136.46 \ (\mathrm{N \cdot m})$$ $$T_{\mathrm{II出}} = 9550 \times \frac{P_{\mathrm{II出}}}{n_{\mathrm{II}}} = 9550 \times \frac{4.337}{309.68} = 133.75 \ (\mathrm{N \cdot m})$$	$T_{\mathrm{d}} = 47.75 \ \mathrm{N \cdot m}$ $T_{\mathrm{I入}} = 142.103 \ \mathrm{N \cdot m}$ $T_{\mathrm{I出}} = 137.85 \ \mathrm{N \cdot m}$ $T_{\mathrm{II入}} = 136.46 \ \mathrm{N \cdot m}$ $T_{\mathrm{II出}} = 133.75 \ \mathrm{N \cdot m}$
	(4) 轴 III 的输入、输出转矩分别为 $$T_{\mathrm{III入}} = 9550 \times \frac{P_{\mathrm{III入}}}{n_{\mathrm{III}}} = 9550 \times \frac{4.207}{60.016} = 669.44 \ (\mathrm{N \cdot m})$$ $$T_{\mathrm{III出}} = 9550 \times \frac{P_{\mathrm{III出}}}{n_{\mathrm{III}}} = 9550 \times \frac{4.123}{60.016} = 656.07 \ (\mathrm{N \cdot m})$$ (5) 轴 IV 的输入转矩为 $$T_{\mathrm{IV入}} = 9550 \times \frac{P_{\mathrm{IV入}}}{n_{\mathrm{IV}}} = 9550 \times \frac{4.082}{60.016} = 649.55 \ (\mathrm{N \cdot m})$$ 该转矩与例 2-1 中驱动鼓轮卷筒轴输入端所需转矩 $T = 650 \ \mathrm{N \cdot m}$ 相一致	$T_{\mathrm{III入}} = 669.44 \ \mathrm{N \cdot m}$ $T_{\mathrm{III出}} = 656.07 \ \mathrm{N \cdot m}$ $T_{\mathrm{IV入}} = 649.55 \ \mathrm{N \cdot m}$

表 2-4　Y132M2-6 型电动机的主要性能参数

型　号	额定功率	满载时转速	启动电流 /额定电流	启动转矩 /额定转矩	最大转矩 /额定转矩
Y132M2-6	5.5 kW	960 r/min	6.5 A	2.0 N · m	2.2 N · m

表 2-5　Y132M2-6 型电动机的主要外形及安装尺寸　　　　　　mm

中心高 H	外形尺寸 $L \times (AC/2 + AD) \times HD$	地脚安装尺寸 $A \times B$	地脚螺栓孔 直径 K	轴伸尺寸 $D \times E$	装键部位尺寸 $A \times G$
132	515×345×315	216×178	12	38×80	10×33

将例 2-1 计算结果汇总，列于表 2-6。

表2-6　运动与动力参数计算结果汇总表

轴名或序号	功率 P / kW		转矩 T / (N·m)		转速 n / (r/min)
	输入	输出	输入	输出	
电动机轴	—	4.8	—	47.75	960
轴 I	4.608	4.470	142.103	137.85	309.68
轴 II	4.425	4.337	136.46	133.75	309.68
轴 III	4.207	4.123	669.44	656.07	60.016
轴 IV	4.082	—	649.55	—	60.016

第 3 章 传动装置的设计计算

传动装置是传动系统中最重要的装置，它决定了传动系统的工作性能及结构布置尺寸大小。支承零件和连接零件也都需要根据传动装置来设计或选取。因此，一般先设计计算传动装置，确定好它的尺寸、参数、材料和结构。减速器是独立、完整的传动部件，为使所设计的减速器原始条件比较准确，通常先进行减速器外部传动装置的设计计算，然后再计算减速器内部传动零件。

3.1 减速器外部传动零件的设计计算

通常，由于受到课程设计学时的限制，对减速器箱体外部的零件(如带传动等)，只要计算出主要尺寸和常用参数，为其他相关零件尺寸的确定做好准备就行，不需要进行详细的结构设计。

1. 普通 V 带传动

普通 V 带传动的设计计算内容如下：

(1) 普通 V 带传动设计所需要的已知条件主要有：原动机的种类和所需传递的功率；主动轮和从动轮的转速(或传动比)；工作要求及对外形尺寸、传动位置的要求等。

(2) V 带已经标准化、系列化，V 带传动设计的主要内容有：确定 V 带的型号、长度以及根数，确定带轮的直径、材料和轮缘宽度，确定传动中心距及作用在轴上力的大小等。

(3) 设计参数应保证带传动在良好的工作范围，即满足带速 $5 \text{ m/s} \leqslant v \leqslant 25 \text{ m/s}$、小带轮包角 $\alpha_1 \geqslant 120^\circ$、一般带根数 $z \leqslant 5$ 等方面的要求。

(4) 设计计算时，应考虑到带轮大小与其他相关零件尺寸的装配和协调关系。如果小带轮直接装在电动机轴上，则需要注意小带轮孔径是否与电动机轴相一致，其轴孔直径和长度是否与电动机轴一致，大带轮直径是否过大，以致与减速器底架发生干涉等。如果大带轮直接装在减速器的输入轴上，则应该注意大带轮轴孔直径和长度与减速器输入轴轴伸尺寸的关系。

(5) 带轮结构形式主要由带轮直径的大小决定，带轮的具体结构以及尺寸可查阅相关手册。画出结构草图，标明主要尺寸以备用。

(6) 需要计算出初拉力，以方便安装时检查张紧要求及考虑张紧方式。

(7) 需要计算出 V 带对轴的压力，为轴的受力分析作准备。

(8) 要根据带传动的滑动率计算出带传动的实际传动比和从动轮的转速，并以此修正减速器的传动比和输入转矩。

2．开式齿轮传动

开式齿轮传动的设计计算内容如下：

(1) 开式齿轮传动设计需要的已知条件主要有：传动功率(或者转矩)、转速、传动比、工作条件、尺寸限制等。

(2) 开式齿轮传动设计计算的主要内容有：选择材料，确定齿轮传动的主要参数，如齿数、模数、齿宽、中心距、螺旋角等，以及齿轮的其他几何尺寸和结构尺寸。

(3) 开式齿轮一般用于低速，为使支承结构简单，常常采用直齿轮。由于润滑和密封条件较差，灰尘大，要注意材料配对，使齿轮具有较好的耐磨性和减磨性；大齿轮的材料应考虑其毛坯尺寸和制造方法，尺寸较大时可选用铸铁，采用铸造毛坯。

(4) 开式齿轮主要的失效形式是磨损和齿根折断，一般只需要计算轮齿弯曲强度，考虑齿面的磨损，应将强度设计计算的模数加大 10%～20%。

(5) 开式齿轮支承刚度较小，齿宽系数应取得小一些，以减轻齿轮载荷的集中程度。

(6) 尺寸参数确定后，应检查传动的外廓尺寸，如与其他零件发生干涉或碰撞，则应该修改参数重新计算。

(7) 按大、小齿轮的齿数比计算实际传动比，并视具体情况考虑是否需要修改减速器的传动比。

3．联轴器的选择

减速器常通过联轴器与电动机轴、工作机轴相连接。联轴器的选择包括联轴器类型、尺寸、型号等的合理选择。

联轴器的类型应根据工作要求选定。连接电动机轴与减速器高速轴的联轴器，由于轴的转速较高，一般应选用具有缓冲、吸震作用的弹性联轴器，例如弹性柱销联轴器。连接减速器低速轴(输出轴)与工作机轴的联轴器，由于轴的转速较低，传递的转矩较大，且减速器轴与工作机轴之间往往有较大的轴线偏移，因此常选用刚性可移式联轴器，如齿式联轴器。对于中、小型减速器，当其输出轴与工作机轴的轴线偏移不是很大时，也可选用弹性柱销联轴器。

联轴器的型号按计算转矩进行选择。所选定的联轴器，其轴孔直径的范围应与被连接两轴的直径相适应。应注意减速器高速轴外伸段轴径与电动机的轴径不得相差很大，否则难以选择合适的联轴器。电动机选定后，其轴径是一定的，应注意调整减速器高速轴外伸端的直径。

联轴器轴孔的形式和尺寸可参照 8.3 节内容选择。

3.2　减速器内部传动零件的设计计算

在软齿面闭式齿轮传动机构中，由于齿轮齿面接触强度较低，可以先按齿面接触强度条件进行设计，确定中心距后，选择齿数和模数，然后校核齿根弯曲疲劳强度。在硬齿面闭式齿轮传动机构中，齿轮的承载能力主要取决于轮齿的弯曲强度，可以先按轮齿弯曲强度条件进行设计，然后校核齿面接触强度。设计时注意以下几点：

(1) 齿轮传动设计需要确定齿轮的材料、模数、齿数、螺旋角、旋向、分度圆直径、齿顶圆直径、齿根圆直径、齿宽、中心距等。

(2) 选择材料时，应注意毛坯的制造方法。当齿轮直径 $d \leqslant 500$ mm 时，根据制造条件可采用锻造毛坯或铸造毛坯；当 $d > 500$ mm 时，多采用铸造毛坯。当小齿轮根圆直径与轴颈接近时，多做成齿轮轴，材料应兼顾轴的要求。

(3) 应按工作条件和尺寸要求来选择齿面硬度，从而选择不同的热处理方式。若是软齿面齿轮传动，则小齿轮的硬度高于大齿轮的硬度 30～50 HBS。

(4) 在齿轮强度计算公式中，载荷和几何参数是用小齿轮的输出转矩 T_1 和直径 d_1 (或 mz_1)表示的，因此无论强度计算是针对小齿轮还是大齿轮，公式中的转矩、齿轮直径或齿数，都应是小齿轮的数值。

(5) 齿轮设计时，应注意在确定齿数 $z_1(z_2)$、模数 $m(m_n)$ 和分度圆螺旋角 β 时，不能孤立决定，而应综合考虑。当齿轮分度圆直径一定时，齿数多、模数小，既能增加重合度，改善传动平稳性，又能降低齿高，减小滑动系数，减轻磨损和胶合程度。但是齿数多，模数小，又会降低齿轮的弯曲强度。对于闭式齿轮传动，一般取 $z_1 = 20$～40；对于动力齿轮传动，齿轮模数 m 一般不宜小于 2 mm；对于斜齿轮传动，螺旋角 β 一般取 $\beta = 8° \sim 20°$。

(6) 根据 $b = \phi_d d_1$ 求出的齿宽 b 是一对齿轮的工作啮合宽度，为补偿齿轮轴向安装位置误差，应使小齿轮宽度大于大齿轮宽度，因此大齿轮宽度取 $b_2 = b$，而小齿轮的宽度取 $b_1 = b + (5$～$10)$mm，齿宽数应圆整。

(7) 齿轮传动的几何参数和尺寸有严格的要求，应分别进行标准化、圆整或计算其精确值。例如，模数必须标准化；齿宽应圆整成整数；中心距应尽量圆整成尾数为 0 或 5 的整数，便于箱体的制造和检测；啮合几何尺寸(如分度圆直径、齿根圆直径、齿顶圆直径等)必须取精确的计算数值，一般精确到小数点后两位；螺旋角应精确到秒。

(8) 因齿轮的孔径和轮毂尺寸与轴的结构尺寸有关，因而应该在轴的设计完成后再进行确定。而轮辐、圆角、工艺斜度等结构尺寸可以在零件工作图的设计过程中确定。

3.3　传动装置的设计计算示例

【例 3-1】　已知条件见例 2-1 的原始数据、工作条件和设计计算结果，设计带式输送机传动系统中减速器外的带传动装置。

解　设计计算过程见表 3-1。

表 3-1　例 3-1 的设计计算过程

计 算 项 目	计 算 过 程	主 要 结 果
1. 确定计算功率 P_d	(1) 根据工作条件：三班制连续工作，单向连续转动，载荷平稳，有轻微冲击，设计寿命 10 年，每年检修一次。查参考文献[1]中表 8-8 "工况系数 K_A" 得 $\qquad K_A = 1.3$ (2) 带传动传递的功率即为电动机的输出功率 $\qquad P_w = 4.08$ kW 故　　　$P_d = K_A P_w = 1.3 \times 4.08 = 5.304$ (kW)	$K_A = 1.3$ $P_d = 5.304$ kW

续表一

计算项目	计 算 过 程	主要结果
2. 选择 V 带的型号	根据 P_d = 5.304 kW 和小带轮的转速 n_1 = 960 r/min，根据参考文献 [1]中图 8-11 "普通 V 带选型"选用 A 型带	A 型
3. 确定小带轮的基准直径 d_{d1}	根据参考文献[1]中表 8-7 和表 8-9 可知，当采用 A 型带时，小带轮的最小基准直径为 75 mm，初选小带轮基准直径 d_{d1} = 112 mm	d_{d1} = 112 mm
4. 确定大带轮的基准直径 d_{d2}	(1) 带传动分配的传动比为 $i = i_1$ = 3.1，则有 $$d_{d2} = id_{d1} = 3.1 \times 112 = 347.2 \text{ (mm)}$$ 大带轮直径 d_{d2} 应取标准系列值，查参考文献[1]中表 8-9 取 $$d_{d2} = 355 \text{ mm}$$ (2) 带传动的实际传动比 $$i = \frac{d_{d2}}{d_{d1}} = \frac{355}{112} = 3.17$$	d_{d2} = 355 mm i = 3.17
5. 验算带速	$$v = \frac{\pi d_{d1} n_1}{60 \times 1000} = \frac{\pi \times 112 \times 960}{60 \times 1000} = 5.63 \text{ (m/s)}$$ 带传动的速度在 5～25 m/s 范围内，符合要求	v = 5.63 m/s
6. 初定中心距	一般推荐用下式初步确定中心距 $$0.7(d_{d1} + d_{d2}) < a_0 < 2(d_{d1} + d_{d2})$$ 本题中心距取值范围为 327 mm＜a_0＜934 mm，故初取 a_0 = 500 mm	a_0 = 500 mm
7. 计算带的基准长度 L_d	$$L_0 = 2a_0 + \frac{\pi}{2}(d_{d1} + d_{d2}) + \frac{(d_{d2} - d_{d1})^2}{4a_0}$$ $$= 2 \times 500 + \frac{\pi}{2}(112 + 355) + \frac{(355 - 112)^2}{4 \times 500}$$ $$= 1763 \text{ (mm)}$$ 根据参考文献[1]中表 8-2 "普通 V 带基准长度系列 L_d 带长修正系数 K_L"选取基准长度 L_d = 1750 mm	L_d = 1750 mm
8. 确定实际中心距	$$a \approx a_0 + \frac{L_d - L_0}{2} = 500 + \frac{1750 - 1763}{2} = 494 \text{ (mm)}$$ 确定中心距变动调整范围 $$a_{max} = a + 0.03L_d = 494 + 0.03 \times 1750 = 547 \text{ (mm)}$$ $$a_{min} = a - 0.015L_d = 494 - 0.015 \times 1750 = 468 \text{ (mm)}$$	a_{max} = 547 mm a_{min} = 468 mm
9. 验算小带轮的包角 α_1	$\alpha_1 \approx 180° - \dfrac{d_{d2} - d_{d1}}{a} \times 57.3° = 180° - \dfrac{355 - 112}{494} \times 57.3° \approx 152° > 120°$ 可用	α_1 = 152°
10. 确定单根 V 带额定功率 P_0	根据 d_{d1} = 112 mm，n_1 = 960 r/min，由参考文献[1]中表 8-4 "包角 α = 182°、特定带长、工作平稳情况下，单根 V 带的额定功率 P_0"查得 A 型带 P_0 = 1.16 kW	P_0=1.16 kW

计算项目	计 算 过 程	主要结果
11.确定功率增量ΔP_0	根据 $n_1 = 960$ r/min，$i = 3.17$，由参考文献[1]中表 8-5 "考虑 $i \neq 1$ 时，单根 V 带的额定功率增量ΔP_0" 查得 A 型带$\Delta P_0 = 0.11$ kW	$\Delta P_0 = 0.11$ kW
12. 确定 V 带根数 z	V 带根数的计算公式为 $$z \geqslant \frac{P_d}{[P_0]} = \frac{P_d}{(P_0 + \Delta P_0)K_\alpha K_L}$$ 由$\alpha_1 = 152°$，查参考文献[1]中表 8-6 "小带轮的包角修正系数 K_α" 得 $K_\alpha = 0.926$；由 $L_d = 1750$ mm，查参考文献[1]中表 8-2 得 $K_L = 1.0$。因此，有 $$z \geqslant \frac{5.304}{(1.16+0.11) \times 0.926 \times 1.0} = 4.51$$ 取 $z = 5$ 根	$K_\alpha = 0.926$ $K_L = 1.0$ $z = 5$ 根
13. 计算单根 V 带的初拉力 F_0	由参考文献[1]中表 8-3 "普通 V 带截面基本尺寸" 查得 A 型带单位长度质量 $q = 0.105$ kg/m 得 $$F_0 = 500 \frac{P_d}{zv}\left(\frac{2.5}{K_\alpha} - 1\right) + qv^2$$ $$= 500 \times \frac{5.304}{5 \times 5.63} \times \left(\frac{2.5}{0.926} - 1\right) + 0.105 \times 5.63^2$$ $$\approx 163 \text{ (N)}$$	$F_0 = 163$ N
14. 计算带对轴的压力	带对轴的压力为 $$F_Q = 2zF_0 \sin\frac{\alpha_1}{2} = 2 \times 5 \times 163 \times \sin\frac{152°}{2} \approx 1585 \text{ (N)}$$	$F_Q = 1585$ N
15. 主要设计结果	(1) 带型号：A 型普通 V 带； (2) 带基准长度：$L_d = 1750$ mm； (3) 带根数：$z = 5$； (4) 带轮基准直径：$d_{d1} = 112$ mm，$d_{d2} = 355$ mm； (5) 中心距变动调整范围：468～547 mm； (6) 初拉力：$F_0 = 163$ N； (7) 带对轴的压力：$F_Q = 1585$ N	

【例 3-2】 已知条件见例 2-1 的原始数据、工作条件和设计计算结果，设计带式输送机传动系统中减速器内的齿轮传动机构。

解 设计计算过程见表 3-2。

表 3-2　例 3-2 的设计计算过程

计算项目	计算与说明	主要结果
1. 初选材料及精度等级	(1) 选择材料。按参考文献[2]中表 11-1 "常用齿轮材料及其力学性能"，小齿轮采用 45 号钢，经调制处理，齿面硬度为 230 HBS，大齿轮采用 45 号钢，正火处理，齿面硬度为 200 HBS； (2) 选取精度等级。根据工作要求，选 8 级精度即可	材料：小齿轮 45 号钢调质，大齿轮 45 号钢正火 精度等级：8 级精度
2. 确定许用应力	因该齿轮是闭式软齿面齿轮，故应按齿面接触疲劳强度进行设计，按齿根弯曲疲劳强度进行校核，故应同时确定接触许用应力和弯曲许用应力 (1) 确定大、小齿轮的接触许用应力。由参考文献[2]中表 11-1，根据插值法求取齿面接触疲劳极限，得 $\sigma_{H\lim 1}=576\,\text{MPa}$，$\sigma_{H\lim 2}=386\,\text{MPa}$；由参考文献[2]中表 11-5 "安全系数 S_H 和 S_F" 查安全系数，取 $S_H=1.1$。大、小齿轮的接触许用应力分别为 $$[\sigma_{H1}]=\frac{\sigma_{H\lim 1}}{S_H}=\frac{576}{1.1}=523.6\ (\text{MPa})$$ $$[\sigma_{H2}]=\frac{\sigma_{H\lim 2}}{S_H}=\frac{386}{1.1}=350.9\ (\text{MPa})$$ (2) 确定大、小齿轮的弯曲许用应力。由参考文献[2]中表 11-1，根据插值法求取齿根弯曲疲劳极限，得 $\sigma_{F\lim 1}=436\,\text{MPa}$，$\sigma_{F\lim 2}=323\,\text{MPa}$；由参考文献[2]中表 11-5 "安全系数 S_H 和 S_F" 查取 $S_F=1.25$。大、小齿轮的弯曲许用应力分别为 $$[\sigma_{F1}]=\frac{\sigma_{F\lim 1}}{S_F}=\frac{436}{1.25}=348.8\ (\text{MPa})$$ $$[\sigma_{F2}]=\frac{\sigma_{F\lim 2}}{S_F}=\frac{323}{1.25}=258.4\ (\text{MPa})$$	$\sigma_{H\lim 1}=576\,\text{MPa}$ $\sigma_{H\lim 2}=386\,\text{MPa}$ $S_H=1.1$ $[\sigma_{H1}]=523.6\,\text{MPa}$ $[\sigma_{H2}]=350.9\,\text{MPa}$ $\sigma_{F\lim 1}=436\,\text{MPa}$ $\sigma_{F\lim 2}=323\,\text{MPa}$ $S_F=1.25$ $[\sigma_{F1}]=348.8\,\text{MPa}$ $[\sigma_{F2}]=258.4\,\text{MPa}$
3. 按齿面接触疲劳强度进行设计计算	(1) 设计公式为 $$d_1\geqslant\sqrt[3]{\frac{2KT_1}{\phi_d}\cdot\frac{i+1}{i}\left(\frac{Z_E Z_H}{[\sigma_H]}\right)^2}$$ (2) 确定相关系数，具体如下： ① 载荷系数 K：根据 "电动机驱动，载荷平稳，有轻微冲击" 的工作条件，由参考文献[2]中表 11-3 "载荷系数 K" 取载荷系数 $K=1.1$ ② 小齿轮转矩 T_1：即轴 I 的输出转矩，故 　　　$T_1=133.75\,\text{N}\cdot\text{m}$ ③ 齿宽系数 ϕ_d：因两支承相对齿轮对称布置，按参考文献[2]中表 11-6 "齿宽系数 ϕ_d" 取 $\phi_d=1.0$ ④ 传动比 i：$i=5.16$	$K=1.1$ $T_1=133.75\,\text{N}\cdot\text{m}$ $\phi_d=1.0$ $i=5.16$

计算项目	计 算 与 说 明	主要结果
3. 按齿面接触疲劳强度进行设计计算	⑤ 弹性影响系数 Z_E：因两齿轮材料均为碳钢，由参考文献[2]中表 11-4 "弹性影响系数 Z_E"，得 $$Z_E = 189.8 \sqrt{MPa}$$ ⑥ 节点区域系数 Z_H：齿轮为标准直齿圆柱齿轮，$Z_H = 2.5$ ⑦ 比较[σ_{H1}] = 523.6 MPa 和 [σ_{H2}] = 350.9 MPa，将较小者代入公式，即取[σ_{H1}]= [σ_{H2}]=350.9 MPa (3) 将数值带入设计公式，计算 d_1，即 $$d_1 \geqslant \sqrt[3]{\frac{2 \times 1.1 \times 1.338 \times 10^5}{1} \times \frac{5.16+1}{5.16} \times \left(\frac{189.8 \times 2.5}{350.9}\right)^2}$$ $$= 86.29 \ (mm)$$ (4) 计算和修正初选参数。 ① 初选齿数。取小齿轮齿数 $z_1 = 30$，则 $z_2 = iz_1 = 5.16 \times 30 = 154.8$，圆整后取 $z_2 = 154$ 实际传动比为 $$i = \frac{z_2}{z_1} = \frac{154}{30} = 5.13$$ ② 确定模数 m，即 $$m = \frac{d_1}{z_1} = \frac{86.29}{30} = 2.88 \ (mm)$$ 由参考文献[2]中表 4-1 "标准模数系列" 取标准模数 $m = 3$ mm ③ 确定中心距 a，即 $$a = \frac{m}{2}(z_1 + z_2) = \frac{3}{2} \times (30 + 154) = 276 \ (mm)$$ ④ 确定分度圆直径，即 $$d_1 = mz_1 = 3 \times 30 = 90 \ (mm)$$ $$d_2 = mz_2 = 3 \times 154 = 462 \ (mm)$$ ⑤ 确定齿宽，即 $$b = \phi_d \cdot d_1 = 1.0 \times 90 = 90 \ (mm)$$ 取 $b_2 = 90$ mm，$b_1 = 95$ mm (为补偿误差，通常使小齿轮的齿宽略大一些) ⑥ 精度等级。 $$v = \frac{\pi d_1 n_1}{60 \times 1000} = \frac{\pi \times 90 \times 309.68}{60 \times 1000} = 1.46 \ (m/s)$$ 对照参考文献[2]中表 11-2 "齿轮传动精度等级的选择及应用"可知，选用 8 级精度合适	$Z_E = 189.8 \sqrt{MPa}$ $Z_H = 2.5$ $d_1 = 86.29$ mm $z_1 = 30$ $z_2 = 154$ $i = 5.13$ $m = 3$ mm $a = 276$ mm $d_1 = 90$ mm $d_2 = 462$ mm $b_2 = 90$ mm $b_1 = 95$ mm

续表二

计算项目	计 算 与 说 明	主要结果
4. 按齿根弯曲疲劳强度进行校核	(1) 校核公式为 $$\sigma_F = \frac{2KT_1}{\phi_d z_1^2 m^3} \cdot Y_{Fa} \cdot Y_{Sa} \leqslant [\sigma_F]$$ (2) 确定相关参数，具体如下： ① 齿形系数 Y_{Fa1}、Y_{Fa2}：由参考文献[2]中图 11-8 "齿形系数 Y_{Fa}" 查得 $Y_{Fa1} = 2.60$，$Y_{Fa2} = 2.18$； ② 应力修正系数 Y_{Fa1}、Y_{Fa2}：由参考文献[2]中图 11-9 "应力修正系数 Y_{Fa}" 查得 $Y_{Fa1} = 1.63$，$Y_{Fa2} = 1.82$； (3) 进行校核计算。由校核公式验算齿根弯曲疲劳强度，即 $$\sigma_{F1} = \frac{2KT_1}{\phi_d z_1^2 m^3} \cdot Y_{Fa1} \cdot Y_{Sa1} = \frac{2 \times 1.1 \times 1.338 \times 10^5}{1.0 \times 30^2 \times 3^3} \times 2.60 \times 1.63$$ $$= 154.01 \text{ (MPa)} \leqslant [\sigma_{F1}]$$ $$\sigma_{F2} = \frac{2KT_1}{\phi_d z_1^2 m^3} \cdot Y_{Fa2} \cdot Y_{Sa2} = \frac{2 \times 1.1 \times 1.338 \times 10^5}{1.0 \times 30^2 \times 3^3} \times 2.18 \times 1.82$$ $$= 144.18 \text{ (MPa)} \leqslant [\sigma_{F2}]$$ 故齿轮弯曲疲劳强度满足要求	$Y_{Fa1} = 2.60$ $Y_{Fa2} = 2.18$ $Y_{Fa1} = 1.63$ $Y_{Fa2} = 1.82$ $\sigma_{F1} = 154.01$ MPa $\sigma_{F2} = 144.18$ MPa $\sigma_{F1} \leqslant [\sigma_{F1}]$ $\sigma_{F2} \leqslant [\sigma_{F2}]$
5. 计算和整理齿轮的几何参数	(1) 模数：$m = 3$ mm； (2) 齿数：$z_1 = 30$，$z_2 = 154$； (3) 分度圆直径：$d_1 = 90$ mm，$d_2 = 462$ mm； (4) 齿顶圆直径：$d_{a1} = 96$ mm，$d_{a2} = 468$ mm； (5) 齿根圆直径：$d_{f1} = 82.5$ mm，$d_{f2} = 454.5$ mm； (6) 中心距：$a = 276$ mm； (7) 齿宽：$b_1 = 95$ mm，$b_2 = 90$ mm	
6. 齿轮的结构设计	小齿轮的齿顶圆直径 $d_{a1} = 96$ mm，可制成实心式结构或齿轮轴，其结构尺寸主要根据相配轴及键的尺寸来确定。大齿轮的齿顶圆直径 $d_{a2} = 468$ mm，可制成腹板式或轮辐式，其结构尺寸主要根据相配轴及键的尺寸来确定	

第4章 减速器的结构与润滑

减速器是位于原动机和工作机之间的重要部分，是实现减速运动和传递动力的机械传动装置。目前常用的减速器已经标准化，可根据具体工作条件进行选择。课程设计中的减速器设计是根据给定的条件，参考标准系列产品的有关资料进行的非标准化设计。

4.1 减速器的结构

减速器的基本结构都是由齿轮传动件、轴系部件、箱体、连接件(螺栓、螺钉、销、键)及附件组成的。图 4-1 为单级圆柱齿轮减速器的典型结构及主要零部件名称、相互关系。图 4-2 为二级圆柱齿轮减速器的典型结构及主要零部件名称、相互关系。

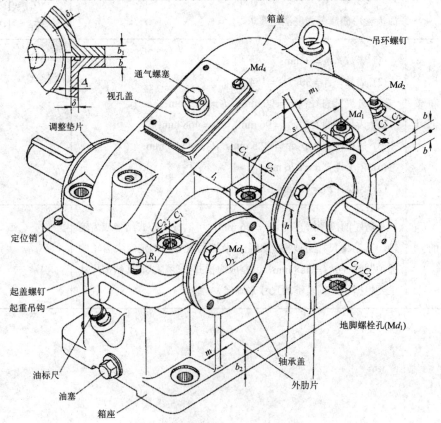

图 4-1 单级圆柱齿轮减速器典型结构

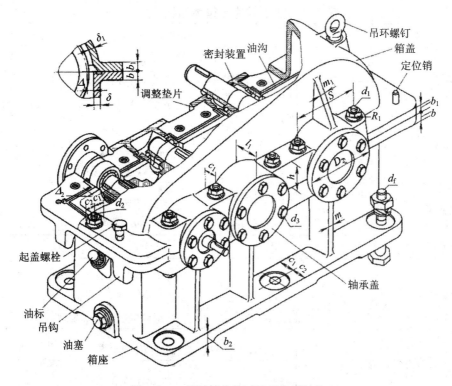

图 4-2　二级圆柱齿轮减速器典型结构

1. 箱体

　　减速器箱体是支持和固定轴系零部件，保证齿轮传动的啮合精度、良好的润滑及密封性能的重要零件，其重量约占减速器整体重量的 50%。因此，箱体结构对减速器的工作性能、加工工艺、材料消耗、重量及成本等有很大的影响，设计时必须全面考虑。在已确定箱体结构形式(如剖分式)、箱体毛坯制造方法(如铸造箱体)以及已进行的装配草图设计的基础上，可全面进行箱体的结构设计。

　　减速器箱体从结构形式上可分为剖分式和整体式。为了便于轴系部件的安装和拆卸，箱体大都做成剖分式，由箱座和箱盖组成，取轴的中心线所在的平面为剖分面。箱座和箱盖采用普通螺栓连接。为了确保箱盖和箱座在加工轴承孔及装配时的相互位置，在剖分处的凸缘上设有两个圆锥销，用于精确定位。箱体是减速器中结构和受力最复杂的零件之一，为了保证足够的强度和刚度，箱体应有一定的壁厚，并在轴承座孔上、下处设置加强肋。

　　箱体按毛坯制造工艺和材料的种类可以分为铸造箱体和焊接箱体。铸造箱体材料一般采用灰铸铁材料(HT150、HT200)，容易获得合理和复杂的形状，刚度好，易进行切削加工，承压能力和减震性好。当承受重载时可采用铸钢箱体，其工艺复杂、制造周期长、重量较大，因而多用于成批生产。铸铁箱体各部分的结构尺寸见表 4-1。对于单件、小批量的减速器箱体也常采用焊接箱体，焊接箱体比铸造箱体轻 25%～50%，生产周期短。但用钢板焊接时容易产生热变形，故要求较高的焊接技术，焊接成形后需要进行退火处理。

表 4-1　铸铁减速器箱体结构尺寸　　　　　　　　　　　　mm

名　称	符　号	圆柱齿轮减速器尺寸关系						
箱座壁厚	δ	$\delta = 0.025a + \Delta \geq 8$						
箱盖壁厚	δ_1	$\delta_1 = 0.02a + \Delta \geq 8$ 式中：$\Delta = 1$（单级）；$\Delta = 3$（双级）；a 为低速级中心距						
箱体凸缘厚度	b、b_1、b_2	箱座：$b = 1.5\delta$ 箱盖：$b_1 = 1.5\delta_1$ 箱底座：$b_2 = 2.5\delta$						
加强肋厚	m、m_1	箱座：$m = 0.85\,\delta$ 箱盖：$m_1 = 0.85\,\delta_1$						
地脚螺钉直径	d_f	$0.036a + 12$						
地脚螺钉数目	n	$a \leqslant 250$，$n = 4$ $250 < a \leqslant 500$，$n = 6$ $a > 500$，$n = 8$						
轴承旁连接螺栓直径	d_1	$0.75d_f$						
箱盖、箱座连接螺栓直径	d_2	$(0.5 \sim 0.6)d_f$						
螺栓间距	L	$150 \sim 200$						
轴承端盖螺钉直径和数目	d_3、n	见表 5-2						
轴承端盖(轴承座端面)外径	D_2	$s \approx D_2$，s 为轴承两侧连接螺栓间距离						
观察孔盖螺钉直径	d_4	$(0.3 \sim 0.4)d_f$						
d_f、d_1、d_2 至箱外壁距离； d_f、d_2 至凸缘边缘的距离	C_1、C_2	螺栓直径	M8	M10	M12	M16	M20	M24	M27
		C_{1min}	13	16	18	22	26	34	34
		C_{1min}	11	14	16	20	24	28	32
轴承旁凸台高度和半径	h、R_1	h 由结构确定；$R_1 = C_2$						
箱体外壁至轴承座端面距离	l_1	$C_1 + C_2 + (5 \sim 10)$						

2．减速器附件

为保证减速器的正常工作，减速器箱体上通常设置一些装置或附加结构，以便于减速器润滑油池的注油、排油、油面高度检查、拆装、检修等。减速器各附件的名称和用途见表 4-2。

表 4-2 减速器附件

名 称	功 用
窥视孔和视孔盖	在减速器顶部设置窥视孔,用于检查箱体内部齿轮的啮合情况、润滑状态、接触斑点和齿侧间隙,还可以由此注入润滑油。为防止污物进入箱体和润滑油外漏,窥视孔上设置了带密封垫的盖板,平时用螺钉固定在窥视孔上
通气器	减速器工作时,由于齿轮传动摩擦发热,箱体内的温度会升高,气压将增大。通常在箱盖顶部或窥视孔盖上安装通气器,使箱体内的热气能自由逸出,达到箱体内、外气压相等
油面指示器	油面指示器用来检查减速器内的油面高度是否符合要求,以保证传动件的润滑。油面指示器常放置在便于观察减速器油面及油面稳定之处。油面指示器有多种,常用的有油标尺和油标
定位销	为了保证每次拆装箱盖时,仍保持轴承座孔的安装精度,需在箱盖与箱座的连接凸缘上配装两个定位销
起盖螺钉	为了保证减速器的密封性,防止润滑油沿上、下箱体的剖分面渗出,减速器装配时,常在剖分面处涂有水玻璃或密封胶。为便于拆卸,在箱盖凸缘上常装有 1~2 个起盖螺钉,拆卸箱盖时,可拧动起盖螺钉,便可顶起箱盖
起吊装置	起吊装置有吊环螺钉、吊耳、吊钩等。在箱盖上安装吊环螺钉(见图 4-1)或铸出吊耳,以便于吊运或拆卸箱盖;在箱座两端连接凸缘下方铸出吊钩,则是为了便于搬运整个减速器
放油孔及螺塞	减速器底部设有放油孔,用于排出污油,平时用带细牙螺纹的放油螺塞和密封垫堵住,防止漏油

4.2 减速器的润滑

减速器内的传动零件和轴承都需要有良好的润滑,这不仅可以减小摩擦损失、提高传动效率,还可以防止锈蚀、降低噪声。

表 4-3 列出了减速器内传动零件的润滑方式及其应用。表 4-4 列出了减速器滚动轴承的常用润滑方式及其应用。

表 4-3　减速器内传动零件的润滑方式及其应用

润 滑 方 式			应用说明
浸油润滑	单级圆柱齿轮减速器	当 $m<20$ 时,浸油深度 h 约为 1 个齿高,但不小于 10 mm	适用于圆周速度 $v<12$ m/s 的齿轮传动和 $v<10$ m/s 的蜗杆传动。传动件浸入油中的深度要适当,既要避免搅油损失太大,又要保证充分的润滑。油池应保持一定的深度和贮油量。对双级或多级齿轮减速器,应选择合适的传动比,使各级大齿轮的直径尽量接近,以便浸油深度相近。若低速级大齿轮尺寸过大,为避免其浸油太深,则对高速级齿轮可采用带油轮润滑等措施
	双级或多级圆柱齿轮减速器	高速级大齿轮浸油深度 h_f 约 0.7 个齿高,但不小于 10 mm;当 $v=0.8\sim12$ m/s 时,低速级大齿轮浸油深度 h_s 为 1 个齿高(不小于 10 mm)~1/6 齿轮半径,当 $v=0.5\sim0.8$ m/s 时,$h_s=$ (1/6~1/3)齿轮半径	
	圆锥齿轮减速器	整个大圆锥齿轮齿宽(至少半个齿宽)浸入油中	
	蜗杆减速器	上置式:蜗轮浸油深度 h_2 与低速级圆柱大齿轮的浸油深度相同　下置式:蜗杆浸油深度 h_1 大于等于 1 个螺牙高,但不高于蜗杆轴轴承最低滚动体中心	
喷油润滑		利用油泵压力将润滑油从喷嘴直接喷到啮合面上。喷油润滑需要专门的供油装置,费用较贵	适用于 $v>12$ m/s 的齿轮传动和 $v>10$ m/s 的蜗杆传动。因高速使粘在轮齿上的油会被甩掉且搅油过甚,温度升高,宜用喷油润滑

表 4-4　减速器滚动轴承的润滑方式及其应用

润 滑 方 式		应 用 说 明
脂润滑	润滑脂直接填入轴承室	适用于 $v<1.5\sim2$ m/s 齿轮减速器。可用旋盖式或压注式油杯向轴承室加注润滑油
油润滑	飞溅润滑 利用齿轮溅起的油形成油雾进入轴承室，或将飞溅到箱盖内壁的油汇集到输油沟内，再流入轴承进行润滑	适用于浸油齿轮圆周速度 $v\geqslant1.5\sim2$ m/s 的场合。当 v 较大($v\geqslant3$ m/s)时，飞溅油可以形成油雾；当 v 不够大或油的黏度较大时，不易形成油雾，应设置输油沟等结构
	刮板润滑 利用刮板将油从轮缘端面刮下后经输油沟流入轴承	适用于不能采用飞溅润滑的场合(浸油齿轮 $v<1.5\sim2$ m/s)，同轴式减速器中间轴承润滑，蜗轮轴轴承、上置式蜗杆轴轴承润滑
	浸油润滑 使轴承局部浸入油中，但油面应不高于最低滚动体的中心	适用于中、低速的场合，如下置式蜗杆轴的轴承润滑，高速时因搅油剧烈易造成严重过热

　　减速器中的滚动轴承可以采用油润滑或脂润滑。当浸油齿轮的圆周速度 $v<2$ m/s 时，齿轮不能有效地把油飞溅到箱壁上，因此滚动轴承通常采用脂润滑；当浸油齿轮的圆周速度 $v>2$ m/s 时，齿轮能将较多的油飞溅到箱壁上，此时滚动轴承通常采用油润滑，也可以采用脂润滑。

　　图 4-3 所示为采用脂润滑的轴承结构，轴承室内充加润滑脂，轴承室与箱体内部被甩油环隔开，阻止箱体内的润滑油进入轴承室稀释润滑脂。采用润滑脂，轴承需要定期检查和补充润滑脂。图 4-4 所示为采用油润滑的轴承结构，飞溅到箱壁上的油流入分箱面的油沟中，通过油沟将油引入轴承室，对轴承进行润滑，这种方式润滑方便。

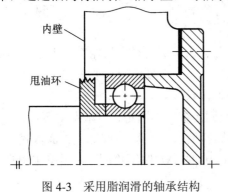

图 4-3　采用脂润滑的轴承结构

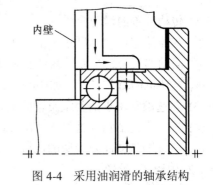

图 4-4　采用油润滑的轴承结构

第5章 减速器的装配图设计

5.1 减速器装配图的概述

装配图用来表达减速器的整体结构、轮廓形状、各零件的结构及相互关系，也是指导装配、检验、安装及检修工作的技术文件。

装配图设计所涉及的内容较多，往往要边计算、边画图、边修改直至最后完成装配工作图。减速器装配图的设计过程一般有以下几个阶段：

(1) 初步绘制装配草图并进行轴系零件的计算。

(2) 减速器轴系部件的结构设计。

(3) 减速器箱体和附件的设计。

(4) 完成装配工作图。

装配图设计的各个阶段不是绝对分开的，甚至会有交叉和反复。开始绘制减速器装配图前，应做好必要的准备工作，主要有以下几方面：

(1) 装拆或参观减速器，阅读有关资料，了解和熟悉减速器的结构。

(2) 根据已进行的设计计算，汇总和检查绘制装配图时所必需的技术资料和数据。例如：

① 传动装置的运动简图；

② 各传动零件主要尺寸数据，如齿轮节圆直径、齿顶圆直径、齿轮宽、中心距等；

③ 联轴器型号、半联轴器毂孔长度、毂孔直径以及有关安装尺寸要求；

④ 电动机的有关尺寸，如中心高、轴径、轴伸出长度等。

(3) 初选滚动轴承的类型及轴的支承形式(两端固定或一端固定、一端游动等)。

(4) 确定减速器箱体结构形式(整体式、剖分式)和轴承端盖形式(凸缘式、嵌入式)。

(5) 选定图纸幅面及绘图的比例，装配图应用 A0 或 A1 图纸绘制，并尽量采用 1∶1 或 1∶2 的比例尺绘图。

本章重点阐述圆柱齿轮减速器装配图的设计步骤和方法。

5.2 初步绘制减速器装配草图(第一阶段)

初绘装配草图是设计减速器装配图的第一阶段，基本内容为：在选定箱体结构形式

(如剖分式)的基础上，确定各传动件之间及箱体内壁的位置；通过轴的结构设计初选轴承型号；确定轴承位置、轴的跨度以及轴上所受各力作用点的位置；对轴、轴承等进行校核计算。

1. 视图选择与布置图面

减速器装配图通常用三个视图并辅以必要的局部视图来表达。绘制装配图时，应根据传动装置的运动简图和由计算得到的减速器内部齿轮的直径、中心距，参考同类减速器图纸，估计减速器的外形尺寸，合理布置三个主要视图。同时，还要考虑标题栏、明细表、技术要求、尺寸标注等所需的图面位置。

2. 确定齿轮位置和箱体内壁线

在设计圆柱齿轮减速器装配图时，一般从主视图和俯视图开始。首先在主视图和俯视图位置画出齿轮的中心线，再根据齿轮直径和齿宽绘出齿轮轮廓位置。为保证全齿宽接触，通常使小齿轮较大齿轮宽 5～10 mm。然后按表 5-1 推荐的资料确定各零件之间的位置，并绘出箱体内壁线和轴承内侧端面的初步位置，如图 5-1 所示。

表 5-1　减速器零件的位置尺寸　　　　　　　　　　　　mm

代号	名　称	推荐用值	代号	名　称	推荐用值
Δ_1	齿轮顶圆至箱体内壁的距离	$\geqslant 1.2\delta$，δ 为箱座壁厚	Δ_7	箱底至箱底内壁的距离	≈ 20
Δ_2	齿轮端面至箱体内壁的距离	$>\delta$（一般取大于等于 10）	H	减速器中心高	$\geqslant Ra + \Delta_6 + \Delta_7$
Δ_3	轴承端面至箱体内壁的距离	轴承用脂润滑时，$\Delta_3 = 10\sim12$ 轴承用油润滑时，$\Delta_3 = 3\sim5$	L	箱体内壁至轴承座孔端面的距离	$= \delta + C_1 + C_2 + (5\sim10)$，$C_1$、$C_2$ 见表 4-1
Δ_4	旋转零件间的轴向距离	$10\sim15$	e	轴承端盖凸缘厚度	见表 5-2
Δ_5	齿轮顶圆至轴表面的距离	$\geqslant 10$	L_2	箱体内壁轴向距离	
Δ_6	大齿轮齿顶圆至箱底内壁的距离	$>30\sim50$（见表 4-3）	L_3	箱体轴承座孔端面间的距离	

为了避免因箱体铸造误差造成齿轮与箱体间的距离过小，甚至齿轮与箱体相碰，应使大齿轮齿顶圆、齿轮端面至箱体内壁之间分别留有适当距离Δ_1和Δ_2。

3. 确定箱体轴承座孔端面位置

根据箱座壁厚δ和由表 4-1 确定的轴承旁螺栓的位置尺寸 C_1、C_2，按表 5-1 初步确定轴承座孔的长度 L，可画出箱体轴承座孔外端面线，如图 5-1 所示。

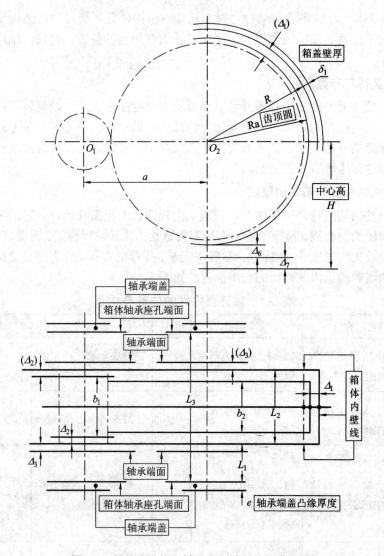

图 5-1 箱体内壁线和轴承内侧端面的初步位置

4. 初算轴的直径

按扭转强度估算各轴的直径，即

$$d \geqslant A \sqrt[3]{\frac{P}{n}} \quad (\text{mm}) \tag{5-1}$$

式中：P 为轴所传递的功率(单位为 kW)；n 为轴的转速(单位为 r/min)；A 为由材料的许用扭转应力所确定的系数，其值参阅参考文献[1]。

利用式(5-1)估算轴的直径时，应注意以下几点：

(1) 对于外伸轴，由式(5-1)求出的直径为外伸轴段的最小直径；对于非外伸轴，计算时应取较大的 A 值，估算的轴的直径可作为安装齿轮处的直径。

(2) 当计算轴的直径处有键槽时，应适当增大轴的直径以补偿键槽对轴强度的削弱。

(3) 当外伸轴段装有联轴器时，外伸轴段的直径应与联轴器毂孔直径相适应；当外伸轴段用联轴器与电动机轴相连时，应注意外伸段的直径与电动机轴的直径不能相差太大。

5．轴的结构设计

齿轮和轴承相对于箱体的位置及箱体轴承座的宽度确定后，就可以进行轴的结构设计。轴的结构设计就是确定轴的结构形状和几何尺寸，在满足强度和刚度的前提下，确保轴上零件如齿轮、轴承和箱体之间的相对位置，即使轴上零件定位准确、固定可靠，且装拆方便，并具有良好的加工工艺性。

轴的结构设计总体分两步进行：先进行轴的结构形状设计，再进行轴的尺寸设计。轴通常设计为阶梯状，中间粗，两头细。轴的几何尺寸包括径向尺寸和轴向尺寸。

1）轴的结构形状

轴的结构形状与轴上零件的定位与固定有关。轴系零件主要有齿轮、轴承、轴承端盖、联轴器、套筒或挡油板等。图 5-2 为单级直齿圆柱齿轮减速器中轴承采用油润滑的典型大齿轮轴的结构，共分为七段；图 5-3 为单级直齿圆柱齿轮减速器中轴承采用脂润滑的典型大齿轮轴的结构，共分为六段。

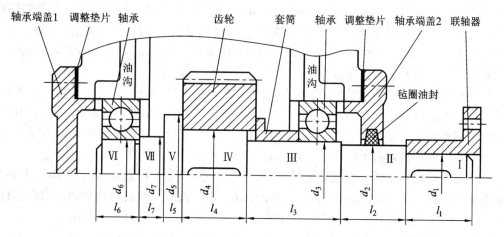

图 5-2　轴承采用油润滑的典型大齿轮轴的结构(方案一)

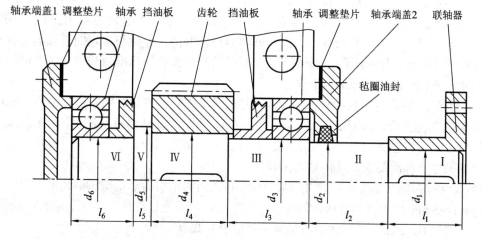

图 5-3　轴承采用脂润滑的典型大齿轮轴的结构(方案二)

齿轮的几何尺寸在前面已计算确定，但其具体结构需在轴的结构设计完成后方可进行确定。

滚动轴承是标准件，设计时只要合理选择轴承的类型，并满足强度和寿命要求即可。直齿圆柱齿轮减速器主要承受径向载荷，一般选用深沟球轴承，斜齿圆柱齿轮一般选用角接触球轴承或深沟球轴承。

轴承端盖主要用于对轴承进行轴向固定，其结构形式有两种。轴承端盖 1 为闷盖，轴承端盖 2 为透盖，与轴配合面靠毡圈油封进行密封。

联轴器用于把两轴连接起来传递运动和转矩，是标准件。

轴的结构形状都是从轴端向中间逐渐增大，可将齿轮、套筒(挡油板)、右端滚动轴承、轴承端盖、联轴器从右端装卸，左端滚动轴承从轴的左端装卸。

2) 轴段的径向尺寸

确定阶梯轴各段的径向尺寸时，需要综合考虑轴上零件的受力、定位、固定、装拆、相配标准件孔径，以及轴的表面粗糙度、加工精度等要求。

轴上形成阶梯的变化端面称为轴肩，当轴径变化是为了固定轴上零件或承受轴向力时，该轴肩称为定位轴肩；如图 5-2 和图 5-3 中所示的轴段 I、II 之间对联轴器进行定位的轴肩，轴段 IV、V 之间对齿轮进行定位的轴肩都是定位轴肩。对于一般的定位轴肩，当配合处轴的直径小于 80 mm 时，轴肩处的直径差可取 6~10 mm。当用作滚动轴承内圈定位时，轴肩的直径应按轴承安装尺寸要求取值。

当轴径变化仅仅是为了装配方便或区别加工面，不承受轴向力也不固定轴上零件时，该轴肩称为非定位轴肩。如图 5-2 和图 5-3 中所示的轴段 II、III 之间的轴肩，轴段 III、IV 之间的轴肩都是非定位轴肩。当两相邻轴段直径的变化仅是为了轴上零件装拆方便或区分加工表面时，两直径略有差值即可，例如取 1~5 mm。

轴上装有齿轮、带轮和联轴器处的直径，如图 5-3 中的 d_3 和 d_6 应取标准值(见表 8-2)。而装有密封元件和滚动轴承处的直径，如 d_1、d_2、d_5，则应与密封元件和轴承的内孔直径尺寸一致。轴上两个支点的轴承应尽量采用相同的型号，便于轴承座孔的加工。

从最小轴径的确定开始，以图 5-2 和图 5-3 所示的轴为例进行分析，具体原则如下：

(1) 轴径 d_1 的确定原则：首先，d_1 要大于等于根据纯扭转强度公式(5-1)估算的最小轴径，即 $d_1 \geqslant d_{min}$。由于该轴段与联轴器配合，轴上开有键槽，考虑到键槽对轴强度有削弱，应将最小轴径 d_{min} 扩大 3%~5%。其次，联轴器是标准件，d_1 应与选定的联轴器孔径相一致。若该轴段是与带轮相配合，则轴径 d_1 要与带轮的轮毂孔径标准值相符。在确定轴径 d_1 的过程中，应把联轴器型号确定下来。

(2) 轴径 d_2 的确定原则：利用轴段 I、II 之间形成的轴肩对联轴器进行定位，轴段 II 与轴承端盖 2 相配合，因而 $d_2 = d_1 + (6~10)$ mm。为了对减速器进行密封，在轴承端盖 2 与该轴段之间装有毡圈油封，而轴承端盖 2 与轴采用间隙配合。毡圈油封是标准件，对与之配合的轴径有标准要求，具体见表 8-14。

(3) 轴径 d_3 的确定原则：首先轴段 II、III 之间的轴肩为非定位轴肩，故两轴径之差 $d_3 - d_2 = 1~5$ mm 即可。其次该轴段与轴承相配合，轴承是标准件，需满足轴承内径标准，其数值一般以 0、5 结尾，具体参考轴承手册或表 8-16。

(4) 轴径 d_4 的确定原则：轴段 III、IV 之间形成非定位轴肩，仅为装配齿轮方便，满足

$d_4 - d_3 = 1\sim5$ mm 即可。

(5) 轴径 d_5 的确定原则：轴环 V 对齿轮进行定位，满足条件 $d_5 - d_4 = 6\sim10$ mm 即可。

(6) 轴径 d_6 的确定原则：轴段 VI 与轴承配合，同一轴上取同一规格的一对轴承，故轴径 d_6 与轴径 d_3 一致。

在图 5-2 中，还有由轴段 VII 与轴段 VI 形成的轴肩，用于对轴承进行定位，对轴承进行定位的轴肩或套筒的直径应小于轴承内圈的外径，以便于拆卸轴承。

与轴承配合的轴段 III，装配轴承处尺寸精度要求高，表面粗糙度要求低；从结构合理性和加工经济性考虑，若该段较长，可以将该段设计为两段，以改善轴的工艺性。

为了降低应力集中，轴肩处的过渡倒圆不宜过小。用作零件定位的轴肩，零件毂孔的半径应大于轴肩处过渡倒圆半径，以保证定位的可靠(见图 5-4)。一般配合表面处轴肩和零件孔的倒圆、倒角尺寸见表 8-3。装滚动轴承处轴肩的过渡倒圆半径应按轴承的安装尺寸要求取值(见表 8-16)。

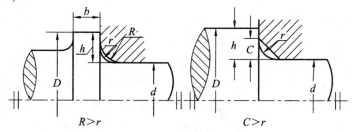

图 5-4　轴肩过渡倒圆示例

需要磨削加工的轴段常设置砂轮越程槽(越程槽尺寸见表 8-7)；车制螺纹的轴段应有退刀槽。应注意的是，直径相近的轴段，其过渡倒圆、越程槽、退刀槽等尺寸应一致，以便于加工。

3) 轴段的轴向尺寸

各轴段的长度主要取决于轴上零件(传动件、轴承)的宽度，以及相关零件(箱体轴承座、轴承端盖)的轴向位置和结构尺寸。

轴上尺寸的确定有两种情况：第一种情况是与轴上零件配合的轴段，即轴头部分，该轴段的长度应比轴上零件的轮毂宽度略小 $1\sim3$ mm，以保证对零件进行可靠的定位与固定，如安装齿轮、带轮、联轴器的轴段；第二种情况是轴段长度要保证相邻零件之间必要的间距和定位可靠性。

轴段长度的确定通常是从与齿轮相配合的轴段开始。下面以图 5-5 所示的轴为例进行分析，确定各轴段的长度。

轴段 L_4 因安装有齿轮，故该轴段的长度与齿轮宽度有关，为使套筒能顶紧齿轮轮廓，应使 L_4 略小于齿轮轮毂的宽度，一般情况下 $L_4 = b_{齿轮} - (2\sim3)$mm。

轴段 L_3 长度包括三部分，再加上 L_4 小于齿宽的部分，即 $L_3 = B + \Delta_2 + \Delta_3 + (1\sim3)$ mm。B 为轴承的宽度，根据以上对轴的各段直径尺寸设计和已选的轴承类型，初选轴承型号，查出轴承宽度和轴承外径等尺寸，可参阅表 8-16。Δ_2 为齿轮端面至箱体内壁的距离，查表 5-1，一般可取 $\Delta_2 = 10\sim15$ mm；Δ_3 为轴承内端面至减速器内壁的距离，与轴承的润滑方式有关，当轴承用油润滑时，$\Delta_3 = 3\sim5$，当改用脂润滑时，套筒应改为挡油板，$\Delta_3 = 10\sim12$。

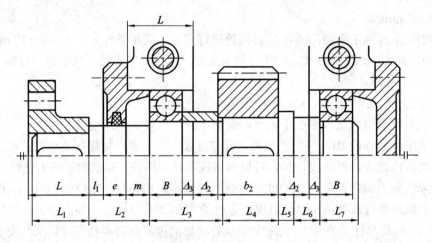

图 5-5　各轴段长度的确定

轴段 L_2 长度包括三部分，即 $L_2 = l_1 + e + m$。l_1 与外接零件及轴承端盖的结构有关，l_1 应保证轴承端盖固定螺钉或联轴器柱销的装拆要求，采用凸缘式轴承端盖，$l_1 = 15\sim20$ mm。e 部分为轴承端盖的厚度，查表 5-2。m 部分为轴承端盖的止口端面至轴承座孔边缘的距离，此距离应按轴承端盖的结构形式、密封形式及轴承座孔的尺寸来确定。课程设计时这一尺寸较难确定，要先确定轴承座孔的宽度，轴承座孔的宽度减去轴承宽度和轴承距箱体内壁的距离，就是这一部分的尺寸。轴承座孔宽度 $L = \delta + C_1 + C_2 + (5\sim10)$ mm，如图 5-6 所示，进而得出 $m = L - B - \Delta_3$。

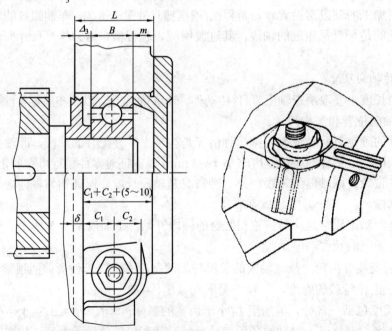

图 5-6　轴承座旁连接螺栓的扳手空间

轴段 L_1 安装联轴器，其长度与联轴器的长度有关。因此，需要先选定联轴器的类型及型号，才能确定 L_1 的长度，考虑到联轴器的连接和固定需要，使 L_1 略小于 $L_{联轴器}$，取

$L_1 = L_{联轴器} - (1\sim2)$ mm。

轴段 L_5 长度即轴环的宽度 b（一般 $b=1.4h_{45}$），取 $L_5=1.4h_{45}$，其中 $h_{45}=(d_5-d_4)/2$。

轴段 L_6 长度由 $\Delta_2+\Delta_3$ 的尺寸减去 L_5 来确定，即 $L_6=\Delta_2+\Delta_3-L_5$。

轴段 L_7 长度应等于或略大于滚动轴承的宽度 B，即 $L_7=B+(0\sim2)$ mm。

在确定各轴段长度时应注意的是，装有零件的轴段，其长度与所装零件的宽度(或长度)有关，一定要先确定零件的宽度(或长度)，再确定各轴段的长度。当采用套筒、挡油板等进行零件的轴向固定时，应使安装零件轴段的长度比零件宽度小 2～3 mm，以确保能紧靠零件端面进行轴向固定。当轴的长度与箱体或外围零件有关时，一定要先确定箱体或外围零件的相关尺寸，才能确定出轴的长度。

4) 轴上键槽的确定

平键的剖面尺寸根据相应轴段的直径确定，键的长度应比轴段长度短。键槽不要太靠近轴肩处，以避免由于键槽加重轴肩过渡倒圆处的应力集中。键槽应靠近轮毂装入侧轴段端部，以利于装配时轮毂的键槽容易对准轴上的键。

当轴上有多个键时，若轴径相差不大，则各键可取相同的剖面尺寸；同时，轴上各键槽应布置在轴的同一方位，以便于轴上键槽的加工。

5) 轴的结构草图

按照以上方法，即可确定各轴的阶梯结构和各轴段的直径与长度，形成完整的轴的结构图。需要注意的是，当输入轴中与小齿轮配合的轴段直径与小齿轮的齿根直径差别不大时，常将小齿轮与轴做成一体，即设计成齿轮轴。

典型轴的结构设计完成后形成的草图如图 5-7 所示。

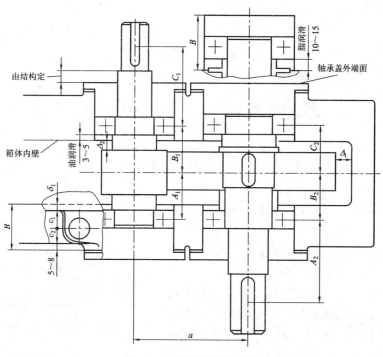

图 5-7　典型轴的结构草图

6. 轴、键及轴承的强度校核

轴的结构尺寸是在按纯扭转强度初步估算最小轴径，再根据轴系零件的相对位置以及零件在轴上的定位、固定等因素综合考虑后确定的，但减速器的齿轮轴均为转轴，同时承受弯矩和扭矩，可能产生弯扭变形，因而需要对齿轮轴进行精确的校核，同时也需要对轴承的强度和寿命及键的强度进行校核。

1) **确定轴上力的作用点和轴的支承点距离**

由初绘装配草图，根据轴上的零件位置，可以确定出轴的支承点距离和轴上零件力的作用点位置，轴的支承点就是滚动轴承支反力的作用点，可近似认为在轴承的中部(宽度方向上)。齿轮、带轮、联轴器等传动零件上力的作用点可取在轮毂的中部。

2) **轴的强度校核计算**

轴的支承点位置及力的作用点确定后，通过受力分析确定轴上所受力的大小和方向，绘制出轴的受力图、弯矩图、扭矩图、合成弯矩图等，判定危险截面，按弯扭组合强度公式进行强度校核计算。画力矩图时，对特征点必须注明数值的大小。

若校核后强度不够，则应采取适当措施提高轴的强度。如轴的强度裕量过大，应待轴承及键连接验算后，综合考虑各方面情况再决定如何修改。

3) **滚动轴承的寿命校核计算**

一般工作条件下的滚动轴承，其主要失效形式为点蚀疲劳，在选定轴承型号、确定其工作条件后，需进行轴承的寿命计算。

滚动轴承的寿命可与减速器的寿命或减速器的检修期(2～3 年)大致相符。若计算出的寿命达不到要求，则可考虑选另一种系列的轴承，必要时可改变轴承类型。

4) **键的强度校核计算**

键连接的主要失效形式是工作侧面的压溃，主要校核其挤压强度。若键连接的强度不够，则应采取必要的修改措施，如增加键长、改用双键等。

5.3　减速器轴系部件的结构设计(第二阶段)

第二阶段的主要工作内容是设计传动零件和轴的具体支承结构。

1. 齿轮的结构设计

齿轮的结构与所选材料、齿轮尺寸及毛坯的制造方法有关。设计齿轮结构时可参阅参考文献[1]及本书第 8 章有关齿轮结构设计的资料和图例，确定并画出齿轮的结构。

当齿轮的直径与轴的直径相差不大时，齿轮与轴制成一体，称为齿轮轴。对于齿轮轴，当齿轮的齿根圆直径 d_f 小于轴径 d 时，可采用如图 5-8 所示的结构。

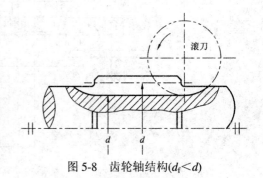

图 5-8　齿轮轴结构($d_f < d$)

2. 滚动轴承的组合设计

1) 轴的支承结构形式和轴系的轴向固定

按照对轴系轴向位置的不同限定方法，轴的支承结构可分为三种基本形式，即两端固定支承、一端固定一端游动支承和两端游动支承。它们的结构特点和应用场合可参阅参考文献[1]。

普通齿轮减速器，其轴的支承跨距较小，较常采用两端固定支承。轴承内圈可用轴肩或套筒作轴向定位，轴承外圈用轴承端盖作轴向固定。

设计两端固定支承时，应留适当的轴向间隙，以补偿工作时轴的热伸长量。对于固定间隙轴承(如深沟球轴承)，可在轴承端盖与箱体轴承座端面之间(采用凸缘式轴承端盖时，见图 5-2 或图 5-3)或在轴承端盖与轴承外圈之间(采用嵌入式轴承端盖时，见图 5-9)设置调整垫片，在装配时通过调整垫片来控制轴向间隙。

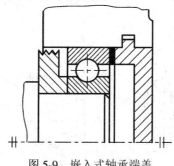

图 5-9　嵌入式轴承端盖

对于可调间隙的轴承(如圆锥滚子轴承或角接触球轴承)，可利用调整垫片或螺纹件来调整轴承游隙，以保证轴系的游动和轴承的正常运转。图 5-10 为利用螺纹件来调整轴承游隙的嵌入式轴承端盖示意图。

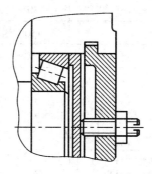

图 5-10　利用螺纹件调整轴承游隙

2) 轴承端盖的结构

轴承端盖的作用是固定轴承、承受轴向载荷、密封轴承座孔、调整轴系位置和轴承间隙等。其类型有凸缘式和嵌入式两种。凸缘式轴承端盖用螺钉固定在箱体上，调整轴系位置或轴系间隙时不需开箱盖，密封性也较好。嵌入式轴承端盖不用螺栓连接，结构简单，但密封性差。在轴承端盖中设置 O 形密封圈能提高其密封性能，适用于油润滑。另外，采用嵌入式轴承端盖时，利用垫片调整轴向间隙要开启箱盖。

当轴承用箱体内的油润滑时，轴承端盖的端部直径应略小些并在端部开槽，使箱体剖分面上输油沟内的油可经轴承端盖上的槽流入轴承。

设计时，可参照表 5-2 确定轴承端盖各部分的尺寸，并绘出其结构。

3) 滚动轴承的润滑与密封

(1) 滚动轴承的润滑。

减速器滚动轴承的润滑方式可参阅表 4-4 选择。

(2) 滚动轴承内侧的封油盘和挡油盘。

当轴承用润滑脂润滑时，为了防止轴承中的润滑脂被箱内齿轮啮合时挤出的油冲刷、稀释而流失，需在轴承内侧设置封油盘(见图 5-11)。

表 5-2 凸缘式轴承端盖的尺寸

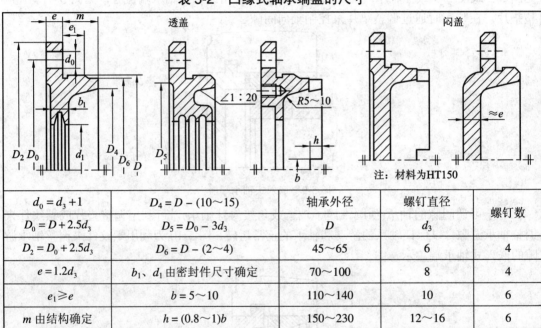

$d_0 = d_3 + 1$	$D_4 = D - (10\sim15)$	轴承外径	螺钉直径	螺钉数
$D_0 = D + 2.5d_3$	$D_5 = D_0 - 3d_3$	D	d_3	
$D_2 = D_0 + 2.5d_3$	$D_6 = D - (2\sim4)$	$45\sim65$	6	4
$e = 1.2d_3$	b_1、d_1 由密封件尺寸确定	$70\sim100$	8	4
$e_1 \geqslant e$	$b = 5\sim10$	$110\sim140$	10	6
m 由结构确定	$h = (0.8\sim1)b$	$150\sim230$	$12\sim16$	6

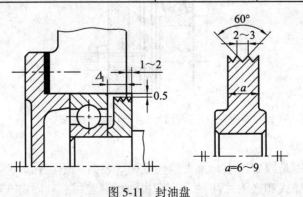

图 5-11 封油盘

当采用油润滑时，若轴承旁小齿轮的齿顶圆小于轴承的外径，为防止齿轮啮合时(特别是斜齿轮啮合时)所挤出的热油大量冲向轴承内部，增加轴承的阻力，常设置挡油盘，如图 5-12 所示。挡油盘可以是冲压件(成批生产时)，也可车制而成。

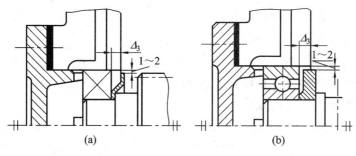

图 5-12　挡油盘

(3) 轴外伸处的密封。

在减速器输入轴和输出轴的外伸段，应在轴承端盖的轴孔内设置密封件。密封装置分为接触式和非接触式两类，并有多种形式，其密封效果也不相同。为了提高密封效果，必要时可以采用 2 个或 2 个以上的密封件或不同类型的密封件构成的组合式密封装置。

设计轴外伸处的密封装置时可参阅参考文献[1]及本章减速器装配图图例，选择适当的密封形式，确定有关结构尺寸并绘出其结构。

按照上述设计内容和方法逐一完成减速器各轴系零件的结构设计和轴承组合结构设计。图 5-13 为完成的第二阶段装配草图。

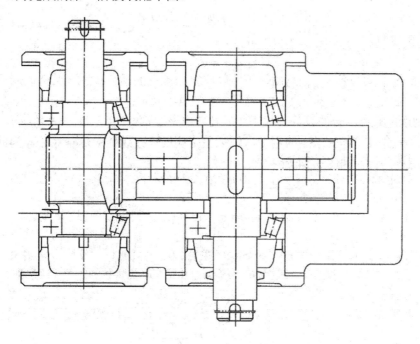

图 5-13　完成的第二阶段装配草图

5.4　减速器箱体和附件设计(第三阶段)

设计绘图工作应在三个视图上同时进行，必要时可增加局部视图。绘图时应按先箱体、后附件，先主体、后局部的顺序进行。

1. 箱体的结构设计

箱体起着支承轴系、保证传动件和轴系正常运转的重要作用。在已确定箱体结构形式(如剖分式)和箱体毛坯制造方法(如铸造箱体)，以及前两阶段已进行的装配草图设计的基础上，可全面地进行箱体的结构设计。

1) 箱座高度

对于传动件采用浸油润滑的减速器，箱座高度除了应满足齿顶圆到油池底面的距离不小于 30～50 mm 外(见表 4-3)，还应使箱体能容纳一定量的润滑油，以保证润滑和散热。

对于单级减速器，每传递 1 kW 功率所需油量为 350～700 cm³(小值用于低黏度油，大值用于高黏度油)。多级减速器需要油量按级数成比例增加。

设计箱座高度时，在离开大齿轮顶圆 30～50 mm 处，画出箱体油池底面线，并初步确定箱座高度为

$$H \geqslant \frac{d_{a2}}{2} + (30\sim50) + \Delta_7$$

式中：d_{a2} 为大齿轮顶圆直径；Δ_7 为箱座底面至箱座油池底面的距离(见表 5-1)。

根据传动件的浸油深度(见表 4-3)确定油面高度，即可计算出箱体的贮油量。若贮油量不能满足要求，则应适当将箱底面下移，增加箱座高度。

2) 箱体的刚度

(1) 箱体的壁厚。

箱体要有合理的壁厚。轴承座、箱体底座等处承受的载荷较大，其壁厚应更厚些。箱座、箱盖、轴承座、底座凸缘等的壁厚可参照表 4-1 确定。

(2) 轴承座螺栓凸台的设计。

为提高剖分式箱体轴承座的刚度，轴承座两侧的连接螺栓应尽量靠近，为此需在轴承座旁设置螺栓凸台，如图 5-14 所示。

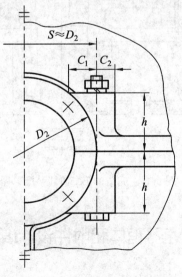

图 5-14　轴承座螺栓凸台的设计

轴承座旁螺栓凸台的螺栓孔间距 $S \approx D_2$，D_2 为轴承端盖外径。若 S 值过小，则螺栓孔容易与轴承端盖螺钉孔或箱体轴承座旁的输油沟相干涉。螺栓凸台高度 h(见图 5-14)与扳手空间的尺寸有关。参照表 4-1 确定螺栓直径和 C_1、C_2，根据 C_1 用作图法可确定凸台的高度 h。为了便于制造，应将箱体上各轴承座旁螺栓凸台设计成相同高度。

(3) 设置加强肋板。

为了提高轴承座附近箱体刚度，在平壁式箱体上可适当设置加强肋板。箱体还可设计成凸壁带内肋板的结构。肋板厚度可参照表 4-1 确定。

3) 箱盖外轮廓的设计

箱盖顶部外轮廓常以圆弧和直线组成。大齿轮所在一侧的箱盖外表面圆弧半径 $R = \dfrac{d_{a2}}{2} + \Delta_1 + \delta_1$，$d_{a2}$ 为大齿轮顶圆直径，δ_1 为箱盖壁厚。通常情况下，轴承座旁螺栓凸台处于箱盖圆弧内侧。

高速轴一侧箱盖外廓圆弧半径应根据结构由作图确定。一般可使高速轴轴承座螺栓凸台位于箱盖圆弧内侧，如图 5-15 所示。轴承座螺栓凸台的位置和高度确定后，取 $R > R'$，画出箱盖圆弧。若取 $R < R'$ 画箱盖圆弧，则螺栓凸台将位于箱盖圆弧外侧。

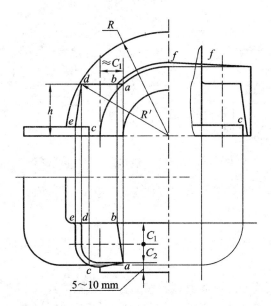

图 5-15　箱体凸缘尺寸

在主视图上确定了箱盖基本外廓后，便可在三个视图上详细画出箱盖的结构。

4) 箱体凸缘的尺寸

箱盖与箱座连接凸缘、箱底座凸缘要有一定的宽度，可参照表 4-1 确定。

轴承座外端面应向外凸出 5～10 mm(见图 5-15)，以便切削加工。箱体内壁至轴承座孔外端面的距离 L_1(轴承座孔长度)为

$$L_1 = \delta + C_1 + C_2 + (5\sim10)\ \text{mm}$$

箱体凸缘连接螺栓应合理布置，螺栓间距不宜过大，一般减速器不大于 150～200 mm，大型减速器可再大些。

5) 导油沟的形式和尺寸

当利用箱内传动件溅起来的油润滑轴承时，通常在箱座的凸缘面上开设导油沟，使飞溅到箱盖内壁上的油经导油沟进入轴承。

导油沟的布置和油沟尺寸如图 5-16 所示。导油沟可以铸造(见图 5-17(a))，也可铣制而成。图 5-17(b)为用圆柱端铣刀铣制的油沟，图 5-17(c)为用盘铣刀铣制的油沟。铣制油沟由于加工方便、油流动阻力小，故较常应用。

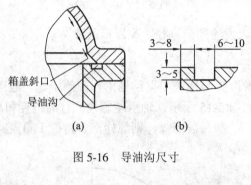

图 5-16　导油沟尺寸

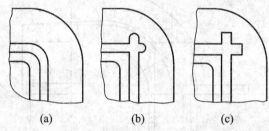

图 5-17　导油沟形式

2. 减速器附件的设计

设计减速器附件时应选择和确定这些附件的结构，并将其设置在箱体的合适位置。

1) 窥视孔和视孔盖

窥视孔应设在箱盖顶部能够看到齿轮啮合区的位置，其大小以手能伸入箱体进行检查操作为宜。窥视孔处应设计凸台以便于加工。视孔盖可用螺钉紧固在凸台上，并应考虑密封，如图 5-18 所示。板结构视孔盖的结构和尺寸见表 5-3，也可自行设计。

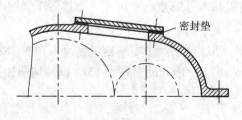

图 5-18　窥视孔和视孔盖

表 5-3　板结构视孔盖的结构和尺寸　　　　　　　mm

A	100、120、150、180、200
A_1	$A + (5 \sim 6)d_4$
A_0	$0.5(A + A_1)$
B	$B_1 - (5 \sim 6)d_4$
B_1	箱体宽度 $- (15 \sim 20)$
B_0	$0.5(B + B_1)$
d_4	M6～M8
h	1.5～2 (Q235)；5～8 (铸铁)

2) 通气器

通气器设置在箱盖顶部或视孔盖上。较完善的通气器内部制成一定曲路，并设置金属网。常见通气螺塞和通气器的结构和尺寸分别见表 5-4 和表 5-5。选择通气器类型时应考虑其对环境的适应性，其规格尺寸应与减速器大小相适应。

表 5-4　通气螺塞的结构和尺寸(无过滤装置)　　　　　　　mm

d	D	D_1	S	L	l	a	d_1
M12×1.25	18	16.5	14	19	10	2	4
M16×1.5	22	19.6	17	23	12	2	5
M20×1.5	30	25.4	22	28	15	4	6
M22×1.5	32	25.4	22	29	15	4	7
M27×1.5	38	31.2	27	34	18	4	8

注：(1) S 为扳手宽度；(2) 材料为 Q235；(3) 洁净环境

表 5-5　通气器的结构和尺寸(经两次过滤)　　　　　　　mm

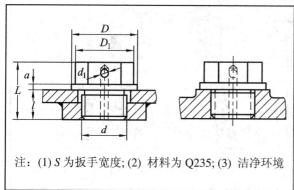

d	d_1	d_2	d_3	d_4	D	a	b	c
M18×1.5	M33×1.5	8	3	16	40	12	7	16
M27×1.5	M48×1.5	12	4.5	24	60	15	10	22
d	h	h_1	D_1	R	k	e	f	S
M18×1.5	40	18	25.4	40	6	2	2	32
M27×1.5	54	24	39.6	60	7	2	2	32

此通气器经两次过滤，防尘性能好

3) 油面指示器

油面指示器应设置在便于观察且油面较稳定的部位，如低速轴附近。常用的油面指示器有圆形油标、长形油标、管状油标、油标尺等形式。

油标尺(见图 5-19)的结构简单，在减速器中较常采用。油标尺上有表示最高及最低油面的刻线。装有隔离套的油标尺(见图 5-19(b))，可以减轻油搅动的影响。油标尺安装位置不能太低，以避免油溢出油标尺座孔。油标尺座凸台的画法可参照图 5-20。油标尺的结构和尺寸见表 5-6。

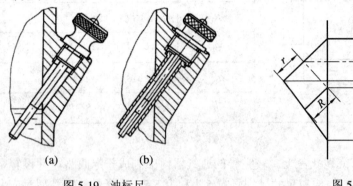

图 5-19　油标尺　　　　　　　　　　　　图 5-20　油标尺座凸台

表 5-6　油标尺的结构和尺寸　　　　　　　　　　　　　mm

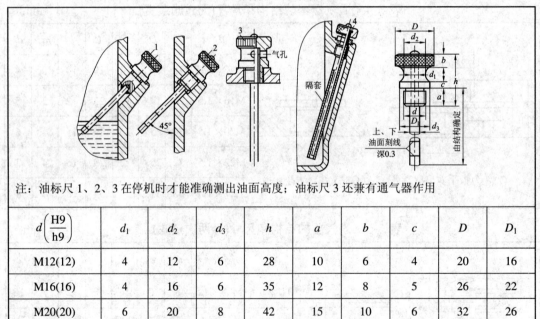

注：油标尺 1、2、3 在停机时才能准确测出油面高度；油标尺 3 还兼有通气器作用

$d\left(\dfrac{H9}{h9}\right)$	d_1	d_2	d_3	h	a	b	c	D	D_1
M12(12)	4	12	6	28	10	6	4	20	16
M16(16)	4	16	6	35	12	8	5	26	22
M20(20)	6	20	8	42	15	10	6	32	26

4) 放油孔和螺塞

放油孔应设置在油池的最低处，平时用螺塞堵住(见图 5-21)。采用圆柱螺塞时，箱座上装螺塞处应设置凸台，并加封油垫片。放油孔不能高于油池底面，以避免油排不干净。图 5-21 所示的两种结构均可采用，但图 5-21(b)所示的螺塞有半边螺孔，其攻螺纹工艺性较差。外六角油塞及封油垫的结构和尺寸见表 5-7。

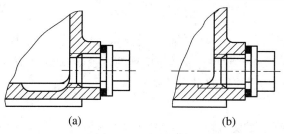

图 5-21　放油螺塞

表 5-7　外六角油塞及封油垫的结构和尺寸　mm

d	M14×1.5	M16×1.5	M20×1.5
D_0	22	26	30
e	19.6	19.6	25.4
L	22	23	28
l	12	12	15
a	3	3	4
s	17	17	22
d_1	15	17	22
H	2		

注：封油垫材料为耐油橡胶、工业用革；螺塞材料为 Q235

5) 起吊装置

吊环螺钉可按起重量选择，其结构尺寸见机械设计手册。为保证起吊安全，吊环螺钉应完全拧入螺孔。箱盖上安装吊环螺钉处应设置凸台，以使吊环螺钉孔有足够的深度。箱盖吊耳、吊钩和箱座吊钩的结构和尺寸见表 5-8，设计时根据具体条件进行修改。

表 5-8　吊耳及吊钩的结构和尺寸

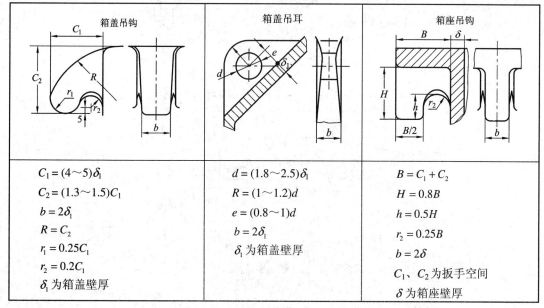

箱盖吊钩	箱盖吊耳	箱座吊钩
$C_1 = (4 \sim 5)\delta_1$ $C_2 = (1.3 \sim 1.5)C_1$ $b = 2\delta_1$ $R = C_2$ $r_1 = 0.25C_1$ $r_2 = 0.2C_1$ δ_1 为箱盖壁厚	$d = (1.8 \sim 2.5)\delta_1$ $R = (1 \sim 1.2)d$ $e = (0.8 \sim 1)d$ $b = 2\delta_1$ δ_1 为箱盖壁厚	$B = C_1 + C_2$ $H = 0.8B$ $h = 0.5H$ $r_2 = 0.25B$ $b = 2\delta$ C_1、C_2 为扳手空间 δ 为箱座壁厚

6) 定位销

常采用圆锥销做定位销。两定位销间的距离越远越可靠，因此，通常将其设置在箱体连接凸缘的对角处，并应作非对称布置。定位销的直径 $d \approx 0.8d_2$(见表 4-1)，其长度应大于箱盖、箱座凸缘厚度之和。圆锥销的尺寸见表 8-33。

7) 起盖螺钉

起盖螺钉设置在箱盖连接凸缘上，其螺纹有效长度应大于箱盖凸缘厚度。起盖螺钉直径可与凸缘连接螺钉相同，螺钉端部制成圆柱形并光滑倒角或制成半球形。

完成箱体和附件设计后，可画出如图 5-22 所示的减速器装配草图。

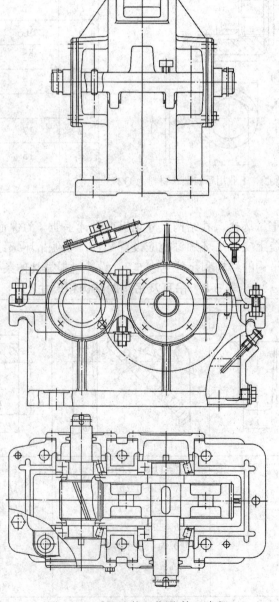

图 5-22　减速器装配草图(第三阶段)

减速器装配草图完成后，应进行检查的项目有：所绘装配图是否符合总的传动方案；传动件、轴和轴承部件结构是否合理；箱体结构和附件设计是否合理；零部件的加工、装拆、润滑、密封等是否合适；视图的选择、表达方法是否合适，是否符合国家制图标准；等等。通过检查，对装配草图进行认真修改。

5.5 完成减速器装配工作图(第四阶段)

完整的装配工作图应包括表达减速器结构的各个视图、主要尺寸和配合、技术特性和技术要求、零件编号、零件明细表和标题栏等。

表达减速器结构的各个视图应在已绘制的装配草图基础上进行修改、补充，使视图完整、清晰并符合制图规范。装配图上应尽量避免用虚线表示零件结构。必须表达的内部结构或某些附件的结构，可采用局部视图或局部剖视图加以表示。

本阶段还应完成的各项工作内容分述如下。

1. 标注尺寸

装配图上应标注以下四类尺寸：

(1) 外形尺寸：减速器的总长、总宽和总高。

(2) 特性尺寸：如传动零件的中心距及偏差。

(3) 安装尺寸：减速器的中心高、轴外伸端配合轴段的长度和直径、地脚螺栓孔的直径和位置尺寸、箱座底面尺寸等。

(4) 配合尺寸：主要零件的配合尺寸、配合性质和精度等级。表 5-9 列出了减速器主要零件的荐用配合以及减速器装配图例所采用的配合，可供设计时参考。

表 5-9 减速器主要零件的荐用配合

配 合 零 件		荐用配合	装拆方法
一般齿轮、蜗轮、带轮、联轴器与轴	一般情况	$\dfrac{H7}{r6}$	用压力机
	较少装拆	$\dfrac{H7}{n6}$	用压力机
	小圆锥齿轮及经常装拆处	$\dfrac{H7}{m6}$ 、 $\dfrac{H7}{k6}$	手锤装拆
滚动轴承内圈与轴*	轻负荷 $(P \leqslant 0.07C)$	j6、k6	用温差法或压力机
	正常负荷 $0.07C < P \leqslant 0.15C$	k5、m5 m6、n6	
滚动轴承外圈与箱体轴承座孔		H7	用木槌或徒手装拆
轴承端盖与箱体轴承座孔		$\dfrac{H7}{d11}$ 、 $\dfrac{H7}{h8}$ 、 $\dfrac{H7}{f9}$	徒手装拆
轴承套杯与箱体轴承座孔		$\dfrac{H7}{js6}$ 、 $\dfrac{H7}{h6}$	

注：*表示滚动轴承与轴或轴承座孔的配合可参阅表 8-18 和表 8-19。

2．注明减速器技术特性

减速器的技术特性写在减速器装配图上的适当位置，可采用表格形式，其内容见表5-10。

表 5-10　减速器的技术特性

输入功率 /kW	输入转速 /(r/min)	效率 η	总传动比 i	传 动 特 性							
				高 速 级				低 速 级			
				m_n	z_2/z_1	β	精度等级	m_n	z_4/z_3	β	精度等级

3．编写技术要求

装配图上应写明有关装配、调整、润滑、密封、检验、维护等方面的技术要求。一般减速器的技术要求通常包括以下几方面的内容：

(1) 装配前所有零件均应清除铁屑并用煤油或汽油清洗，箱体内不应有任何杂物存在，内壁应涂上防蚀涂料。

(2) 注明传动件及轴承所用润滑剂的牌号、用量、补充和更换的时间。

(3) 箱体剖分面及轴外伸段密封处均不允许漏油，箱体剖分面上不允许使用任何垫片，但允许涂刷密封胶或水玻璃。

(4) 写明对传动侧隙和接触斑点的要求，作为装配时检查的依据。对于多级传动，当各级传动的侧隙和接触斑点要求不同时，应分别在技术要求中注明。

(5) 对安装调整的要求。对可调游隙的轴承(如圆锥滚子轴承和角接触球轴承)，应在技术条件中标出轴承游隙数值。对于两端固定支承的轴系，若采用不可调游隙的轴承(如深沟球轴承)，则要注明轴承端盖与轴承外圈端面之间应保留的轴向间隙(一般为 0.25～0.4 mm)。

(6) 其他要求，如必要时可对减速器试验、外观、包装、运输等提出要求。

在减速器装配图上写出的技术要求条目和内容可参考图5-23中的技术要求。

4．零件编号

在装配图上应对所有零件进行编号，不能遗漏，也不能重复，图中完全相同的零件只编一个序号。

对零件编号时，可按顺时针或逆时针顺序依次排列引出指引线，各指引线不应相交。对螺栓、螺母和垫圈这样一组紧固件，可用一条公共的指引线分别编号。独立的组件、部件(如滚动轴承、通气器、油标等)可作为一个零件编号。零件编号时，可以不分标准件和非标准件统一编号，也可将两者分别进行编号。

装配图上零件序号的字体应大于标注尺寸的字体。

5．编写零件明细表、标题栏

明细表列出了减速器装配图中表达的所有零件。对于每一个编号的零件，在明细表上都要按序号列出其名称、数量、材料及规格。

标题栏应布置在图纸的右下角，用来注明减速器的名称、比例、图号、件数、重量、设计人姓名等。

标题栏和明细表的格式参照第 8 章的图 8-1 和图 8-2。

完成以上工作后即可得到完整的装配工作图。图 5-23 为减速器装配工作图示例。

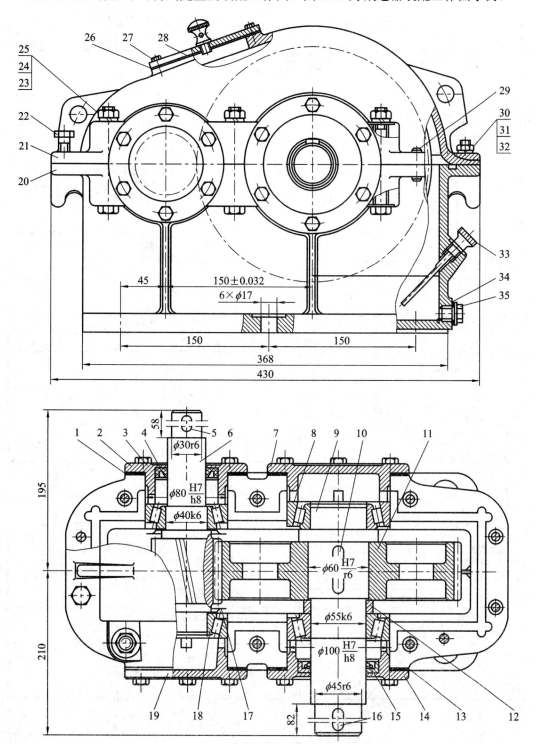

(a)

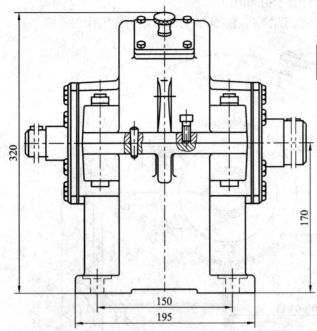

技术特性

输入功率/kW	高速轴转速/(r/min)	传动比
4	572	3.92

技术要求

(1) 啮合侧隙大小用铅丝检测，保证侧隙不小于0.16，铅丝直径不得大于最小侧隙的两倍。

(2) 用涂色法检测轮齿接触斑点，要求齿高接触斑点不少于40%，齿宽接触斑点不少于50%。

(3) 应调整轴承的轴向间隙，$\phi40$为0.05～0.1，$\phi55$为0.08～0.15。

(4) 箱内装全损耗系统用油L-AN68至规定高度。

(5) 箱内、箱盖及其他零件未加工的内表面，齿轮未加工的表面涂底漆并涂红色的耐油油器。箱盖、箱座及其他零件未加工的外表面涂底漆并涂灰色的耐油油器。

(6) 运转过程中应平稳、无冲击、无异常震动和噪声。各密封处、结合处均不得渗油、漏油。剖分面允许涂密封胶或水玻璃。

35	螺塞M18×1.5	1	Q235			14	轴承端盖	1	HT150		
34	垫片	1	石棉橡胶纸			13	调整垫片	2组	08F		
33	油尺	1		组合件		12	套筒	1	Q235		
32	垫圈10	2	GB/T 93—1987			11	齿轮	1	45		
31	螺母M10	2	GB/T 6170—2000			10	键18×11×70	1		GB/T 1096—2003	
30	螺栓M10×40	2	GB/T 5782—2000			9	轴	1	45		
29	销A8×30	2	GB/T 117—2000			8	滚动轴承30211	2		GB/T 297—1994	
28	视孔盖	1		焊接键		7	轴承端盖	1	HT150		
27	螺栓M16×16	4	GB/T 5782—2000			6	齿轮轴	1	45		
26	垫片	1	石棉橡胶纸			5	键8×7×70	1		GB/T 1096—2003	
25	垫圈12	6	GB/T 93—1987			4	油封B3555	1		GB/T 13871—2007	
24	螺母M12	6	GB/T 6170—2000			3	螺栓M18×20	24		GB/T 5782—2000	
23	螺栓M12×120	6	GB/T 5782—2000			2	轴承端盖	1	HT150		
22	螺栓M10×30	1	GB/T 5782—2000			1	调整垫片	2组	08F		
21	箱盖	1	13.21			序号	名称	数量	材料	标准	备注
20	箱座	1	13.21			图号				比例	
19	轴承端盖	1	13.21			一级圆柱齿轮减速器		数量		第　张	
18	轴承30208	2	GB/T 297—1994			重量				共　张	
17	挡油盘	2	13.21			设计					
16	键12×18×70	1	GB/T 1096—2003			审图		机械设计课程设计			
15	油封B5072		GB/T 13871—2007			日期					

(b)

图 5-23　一级圆柱齿轮减速器装配图

6．检查装配图

装配工作图完成后，应再仔细地进行一次检查。检查的内容主要如下：

(1) 视图的数量是否足够，减速器的工作原理、结构和装配关系是否表达清楚。

(2) 尺寸标注是否正确，各处配合与精度的选择是否适当。

(3) 技术要求和技术特性是否正确，有无遗漏。

(4) 零件编号是否有遗漏或重复，标题栏及明细表是否符合要求。

装配工作图检查修改之后，待零件工作图完成后，再加深描粗。图上的文字和数字应按制图要求工整地书写，图面要保持整洁。

【例 5-1】 一单级直齿圆柱齿轮减速器，实现传动比 $i = 4.57$。通过计算已知小齿轮轴传递的输入功率 $P_1 = 4.74$ kW，输入转矩 $T_1 = 96.35$ N·m，转速 $n_1 = 480$ r/min，大齿轮轴传递的输入功率 $P_2 = 4.51$ kW，输入转矩 $T_2 = 409.87$ N·m，转速 $n_2 = 105$ r/min。通过齿轮设计计算，得到几何参数如下：

小齿轮齿数 $z_1 = 30$，大齿轮齿数 $z_2 = 137$，模数 $m = 2$ mm；小齿轮分度圆直径 $d_1 = 60$ mm，齿顶圆直径 $d_{a1} = 64$ mm，齿根圆直径 $d_{f1} = 55$ mm；

大齿轮分度圆直径 $d_2 = 274$ mm，齿顶圆直径 $d_{a2} = 278$ mm，齿根圆直径 $d_{f2} = 269$ mm；

小齿轮齿宽 $b_1 = 65$ mm，大齿轮齿宽 $b_2 = 60$ mm；传动的中心距 $a = 167$ mm。

齿轮传动的圆周速度 $v = 1.31$ m/s，轴承选用脂润滑。试确定两轴的结构形式和几何尺寸，对大齿轮轴及其上的轴承和键进行校核计算。

解 计算过程见表 5-11 和表 5-12。

表 5-11　直齿圆柱齿轮减速器定位尺寸　　　　　　　　　　　mm

名　　称	符号	减速器草图尺寸	
		计算公式	取值
箱座壁厚	δ	$0.025a + \Delta \geqslant 8$	8
大齿轮顶圆与内壁距离	Δ_1	$\geqslant 1.2\delta$	12
小齿轮端面与内壁距离	Δ_2	$\geqslant \delta$	10
轴承端面至箱体内壁的距离	Δ_3	$10 \sim 12$	10
内壁至轴承座孔端面的距离	L_1	$\delta + C_1 + C_2 + (5 \sim 10)$	56
箱体内壁轴向距离	L_2	$b_1 + 2\Delta_2$	85
两轴承座孔端面距离	L_3	$L_2 + 2L_1$	197
大齿轮中心与右内壁距离	R'	$d_{a2}/2 + \Delta_1$	151
轴承端盖凸缘厚度	e	$1.2d_3$	10

表 5-12　例 5-1 的计算过程

计算项目	计算过程及说明	主要结果
1. 小齿轮轴的结构形式及几何尺寸的确定	(1) 确定结构形式。由于轴承选用脂润滑，故轴的结构形式如图 5-3 所示。 (2) 选择材料。因传递功率不大，选择材料为 45 号钢，经调质处理。 (3) 初步估算最小轴径。利用公式 $$d_{min} \geqslant A\sqrt[3]{\dfrac{P}{n}} \ \text{(mm)}$$ 查参考文献[1]中表 15-3 "轴常用材料 $[\tau]$ 值和 A 值"，得 A 的取值范围为 103～126，现取 $A = 110$，带入后得 $$d_{min} \geqslant 110 \times \sqrt[3]{\dfrac{4.74}{480}} = 23.6 \ \text{(mm)}$$ 考虑到轴上有键槽，轴径增大 3%～5%，所以 $$d_{min} \geqslant [23.6 + 23.6 \times (3\% \sim 5\%)] = 24.3 \sim 24.8 \ \text{(mm)}$$ (4) 联轴器的选择和轴段 I 几何尺寸的确定。为缓冲减震，选择弹性套柱销联轴器。选取工作情况系数，查参考文献[1]得 $K_A = 1.3$，轴传递的转矩 $T_1 = 94.35 \ \text{N·m}$，则选择的联轴器转矩为 $$T_C = K_A \cdot T_1 = 1.3 \times 94.35 = 122.66 \ \text{(N·m)}$$ 根据 $T_C = 122.66 \ \text{N·m}$、转速 $n_1 = 480 \ \text{r/min}$ 和最小轴径 $d_{min} \geqslant 24.3 \sim 24.8 \ \text{mm}$，查阅第 8 章的表 8-13 联轴器相关规范，选用 Y 形轴孔 LT5 联轴器，其公称转矩 $T_n = 125 \ \text{N·m}$，许用转速 $[n] = 4600 \ \text{r/min}$，轴孔直径分别有 $d_1 = 25 \ \text{mm}$、28 mm、30 mm 等规格，符合所需转矩和转速要求。轴径取 $d_1 = 25 \ \text{mm}$。 LT5 联轴器 Y 形轴孔长度 $L = 62 \ \text{mm}$，所以轴段 I 长度略小于毂宽 1～3 mm，取轴段长 $l_1 = 60 \ \text{mm}$。 **注意**：若联轴器的另一端连接电动机的输出轴，则必须同时使联轴器轴孔满足电动机输出轴的轴径和长度要求。 (5) 密封圈的选择与轴段 II 几何尺寸的确定。轴段 II 与轴段 I 之间形成的轴肩对联轴器进行定位，轴肩应高点在 2～6 mm 之间选取，轴承用脂润滑，轴径圆周速度较低时用毡圈密封，查阅表 8-14，取轴径 $d_2 = 30 \ \text{mm}$，此时轴径的圆周速度为 $$v = \dfrac{\pi d_2 n}{60 \times 1000} = \dfrac{\pi \times 30 \times 480}{60000} = 0.75 \ \text{m/s} < 5 \ \text{m/s}$$ 满足毡圈密封条件。该轴段的长度尺寸 l_2 由绘图确定。	材料为 45 号钢，调质 联轴器型号为 LT5 联轴器轴径： $d_1 = 25 \ \text{mm}$ $l_1 = 60 \ \text{mm}$ $d_2 = 30 \ \text{mm}$

计算项目	计算过程及说明	主要结果
1. 小齿轮轴的结构形式及几何尺寸的确定	（6）滚动轴承的选择与轴段Ⅲ几何尺寸的确定。轴段Ⅲ与轴段Ⅱ之间形成的轴肩为非定位轴肩，轴径差取 $d_3 - d_2 = 1 \sim 3$ mm 即可，但轴段Ⅲ要安装滚动轴承标准件，故取 $d_3 = 35$ mm，查阅表 8-16 初选轴承型号为 6207，轴承宽 B 为 17 mm，外径 D 为 72 mm。该轴段的长度尺寸 l_3 由绘图确定。 （7）齿轮轴段Ⅳ几何尺寸的确定。轴段Ⅳ与轴段Ⅲ形成非定位轴肩，取轴径 $d_4 = 38$ mm。 　　对于小齿轮轴，这时应考虑齿轮与轴之间的关系。查阅表 8-31 可知，当轴的公称直径为 38mm 时，键的尺寸 $b \times h = 10$ mm$\times 8$ mm，轮毂键槽深 $t_1 = 3.3$ mm，轮毂键槽与轴中心距离为 $d_4/2 + t_1 = 19 + 3.3 = 22.3$ mm，小齿轮的根圆半径 $r_{f1} = 27.5$，两者相距 $e = 27.5 - 22.3 = 5.2$ mm，故小齿轮应与轴制成一体，设计成齿轮轴。轴段长 l_4 就是小齿轮的齿宽 b_1，即 $l_4 = b_1 = 65$ mm。 （8）轴段Ⅴ、Ⅵ几何尺寸的确定。对于齿轮轴，小齿轮不需轴环定位，故小齿轮轴只有五段。轴段Ⅴ、Ⅵ合二为一，该轴段安装轴承 6207，直径为 $d_5 = d_3 = 35$ mm。 （9）其他尺寸的确定。根据轴承的位置及轴的宽度，通过绘图可得 $l_3 = 37$ mm、$l_5 = 37$ mm，由轴承端盖的位置及所用联轴器型号，将轴段Ⅱ向轴承端盖外伸出 20 mm 左右，通过绘图可取 $l_2 = 60$ mm。 （10）平键的确定。轴段Ⅰ上安装有平键，其轴径 $d_1 = 25$ mm，查阅第 8 章的表 8-31，得键的尺寸为 $b \times h = 8$ mm$\times 7$ mm，根据轴的长度 $l_1 = 60$ mm 及键长系列值，取键长 $L = 50$ mm	滚动轴承 6207 $d_3 = 35$ mm $l_4 = 65$ mm $d_5 = 35$ mm $l_3 = 37$ mm $l_5 = 37$ mm $l_2 = 60$ mm
2. 大齿轮轴的结构形式及几何尺寸的确定	（1）确定结构形状。同样选择如图 5-3 所示的结构形状。 （2）选择材料。因传递功率不大，选择材料为 45 号钢，经调质处理。 （3）初步估算最小轴径。查阅参考文献[1]中表 15-3 "轴常用材料的 $[\tau]$ 值和 A 值"，取 $A = 110$，可得最小轴径为 $$d_{\min} \geq A \sqrt[3]{\frac{P_2}{n_2}} = 110 \times \sqrt[3]{\frac{4.51}{105}} = 38.5 \text{ (mm)}$$ 考虑到轴上的键槽，轴径增大 3%～5%，所以 $$d_{\min} \geq [38.5 + 38.5 \times (3\% \sim 5\%)] = 39.7 \sim 40.4 \text{ (mm)}$$	材料为 45 号钢，调质

计算项目	计算过程及说明	主要结果
	(4) 联轴器的选择和轴段 I 几何尺寸的确定。为缓冲减震，选择弹性套柱销联轴器。查阅参考文献[1]，选取工作情况系数 $K_A = 1.3$，轴传递的转矩为 $T_2 = 409.87\ \text{N·m}$，则选择的联轴器的转矩为 $$T_C = K_A \cdot T_2 = 1.3 \times 409.87 = 532.83\ (\text{N·m})$$ 根据 $T_C = 532.87\ \text{N·m}$、转速 $n_2 = 105\ \text{r/min}$ 和最小轴径 $d_{\min} \geqslant$ 39.7～40.4 mm，查阅第 8 章的表 8-13，选取 Y 形轴孔 LT8 联轴器，其公称转矩 $T_n = 710\ \text{N·m}$，许用转速 $[n] = 3000\ \text{r/min}$，轴孔直径分别有 $d_1 = 45$ mm、48 mm、50 mm 等规格，符合所需的转矩和转速要求。取轴径 $d_1 = 45$ mm。 LT8 联轴器 Y 形轴孔的长度 $L = 112$ mm，轴段 I 长度可小于毂宽 1～3 mm，取该轴段长 $l_1 = 110$ mm。	$d_1 = 45$ mm $l_1 = 110$ mm
2. 大齿轮轴的结构形式及几何尺寸的确定	(5) 密封圈的选择与轴段 II 几何尺寸的确定。轴段 II 与轴段 I 之间形成的定位轴肩对联轴器进行定位，轴承用脂润滑，轴径圆周速度较低时用毡圈密封，查第 8 章的表 8-14，取轴径 $d_2 = 50$ mm，此时轴径的圆周速度为 $$v = \frac{\pi d_2 n}{60 \times 1000} = \frac{\pi \times 50 \times 105}{60000} = 0.27\ \text{m/s} < 5\ (\text{m/s})$$ 满足毡圈密封条件。该轴段的长度尺寸 l_2 由绘图确定。	$d_2 = 50$ mm
	(6) 滚动轴承的选择与轴段 III 几何尺寸的确定。轴段 III 与轴段 II 之间形成的轴肩为非定位轴肩，但轴段 III 安装滚动轴承标准件，故取 $d_3 = 55$ mm。查阅第 8 章的表 8-16，初选轴承型号为 6211，轴承宽度 B 为 21 mm，外径 D 为 100 mm。该轴段的长度尺寸 l_3 由绘图确定。	$d_3 = 55$ mm
	(7) 齿轮轴段 IV 几何尺寸的确定。轴段 IV 与轴段 III 形成非定位轴肩，取轴径 $d_4 = 58$ mm。 轴段长 l_4 应比齿轮的宽度 $b_4 = 60$ mm 窄 1～3 mm，取轴段长 $l_4 = 58$ mm。	$d_4 = 58$ mm $l_4 = 58$ mm
	(8) 轴段 V 几何尺寸的确定。轴段 V 为轴环，其形成的轴肩对大齿轮进行定位，$d_5 = d_5 = d_4 + 12\ \text{mm} = 70$ mm。取轴环宽 $l_5 = 10$ mm。	$d_5 = 70$ mm $l_5 = 10$ mm
	(9) 轴段 VI 几何尺寸的确定。该轴段安装轴承 6211，直径为 $d_6 = d_3 = 55$ mm，轴长 l_6 由绘图确定。	$d_6 = 55$ mm
	(10) 其他尺寸的确定。根据轴承的位置及轴承的宽度，通过绘图可得 $l_3 = 46$ mm、$l_6 = 34$ mm。由轴承端盖的位置及所用联轴器型号，将轴段 II 向轴承端盖外伸出 20 mm 左右，通过绘图可取 $l_2 = 55$ mm。	$l_3 = 46$ mm $l_6 = 34$ mm $l_2 = 55$ mm

计算项目	计算过程及说明	主要结果
2. 大齿轮轴的结构形式及几何尺寸的确定	(11) 平键的确定。轴段 I 上安装有平键，实现联轴器与轴的周向连接。其轴径为 $d_1 = 45$ mm，查阅第 8 章的表 8-31，得键的尺寸为 $b \times h = 14$ mm $\times 9$ mm，根据轴的长度 $l_1 = 110$ mm 及键长系列值，取键长 $L = 100$ mm。轴段 IV 上安装有平键，实现齿轮与轴的连接，其轴径为 $d_4 = 58$ mm，查阅第 8 章的表 8-31，得键的尺寸为 $b \times h = 16$ mm $\times 10$ mm，根据轴的长度 $l_4 = 58$ mm 及键长系列值，取键长 $L = 50$ mm	
3.设计结果	大、小齿轮轴的结构几何设计结果如下图所示： 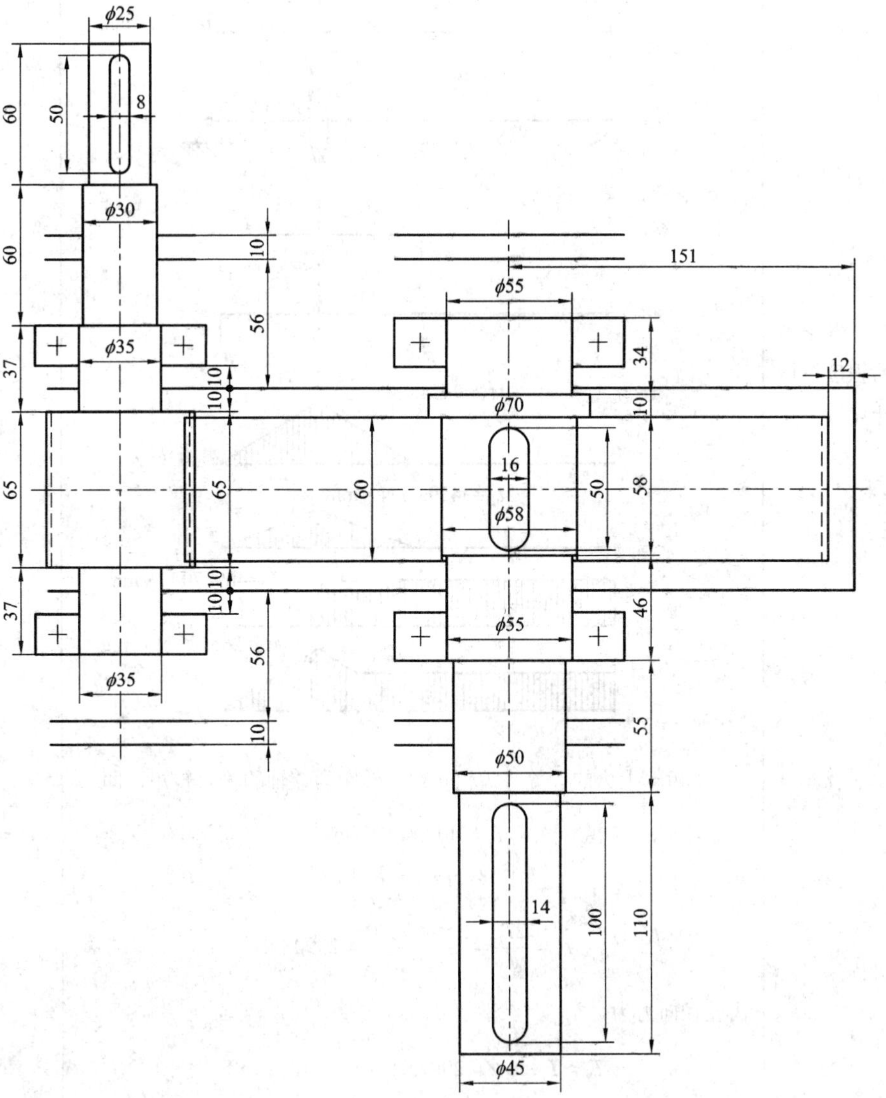	

续表四

计算项目	计 算 及 说 明	主要结果
4.大齿轮轴的强度校核计算	(1) 轴支承点和力作用点距离的确定。两轴承离齿轮中心的距离都是 $l = 63$ mm，联轴器轴孔中心离最近轴承的距离为 121 mm。受力简图如下图所示： 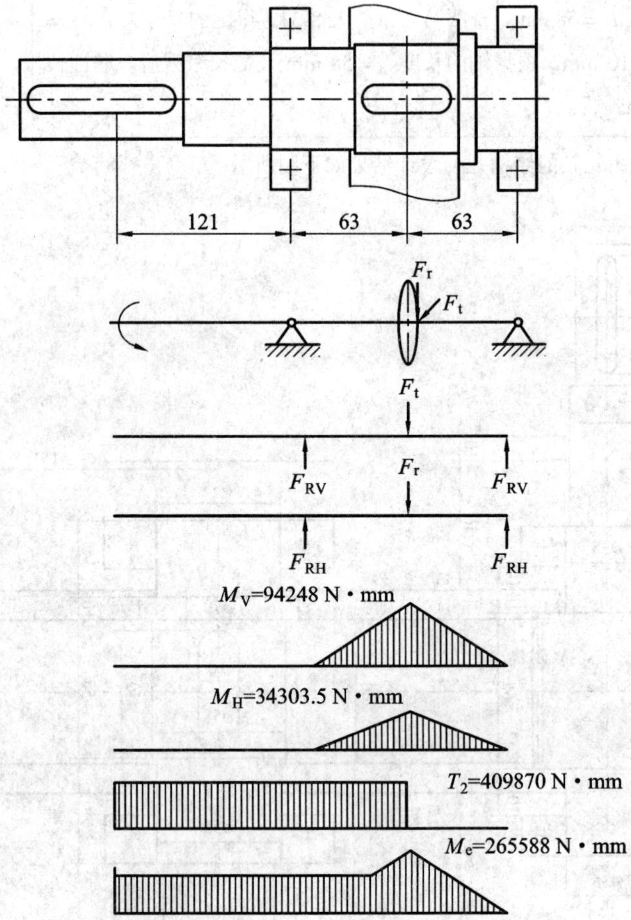 121 63 63 F_r F_t F_t F_{RV} F_{RV} F_r F_{RH} F_{RH} M_V=94248 N · mm M_H=34303.5 N · mm T_2=409870 N · mm M_e=265588 N · mm (2) 齿轮上力的计算。齿轮传递的转矩为该轴的输入转矩，即 $$T_2 = 409.87\ (\mathrm{N \cdot m})$$	$T_2 = 409.87$ N · m
	齿轮圆周力为 $$F_t = \frac{2T_2}{d_2} = \frac{2 \times 409870}{274} = 2992\ (\mathrm{N})$$	$F_t = 2992$ N
	齿轮径向力为 $$F_r = F_t \tan\alpha = 2992 \times \tan 20^\circ = 1089\ (\mathrm{N})$$	$F_r = 1089$ N

计算项目	计算及说明	主要结果
4.大齿轮轴的强度校核计算	(3) 轴承支反力的计算。齿轮关于轴承对称布局，故两端支反力相等。轴承竖直支反力为 $$F_{RV} = F_t / 2 = 2992 / 2 = 1496 \ (N)$$ 轴承水平支反力为 $$F_{RH} = F_r / 2 = 1089 / 2 = 544.5 \ (N)$$ (4) 计算弯矩。齿宽中心竖直弯矩为 $$M_V = F_{RV} \times l = 1496 \times 63 = 94248 \ (N \cdot mm)$$ 齿宽中心水平弯矩为 $$M_H = F_{RH} \times l = 544.5 \times 63 = 34303.5 \ (N \cdot mm)$$ (5) 计算当量弯矩 M_e。计算公式为 $$M_e = \sqrt{M_V^2 + M_H^2 + (\alpha T_2)^2}$$ 扭矩按脉动循环计算，取折合系数 $\alpha = 0.6$，故有 $$M_e = \sqrt{(94248)^2 + (34303.5)^2 + (0.6 \times 409870)^2} = 265588 \ (N \cdot mm)$$ (6) 校核危险截面处的强度。安装齿轮处的轴径为 $d_4 = 58$ mm。齿轮轴为 45 号钢，经调制处理，其许用弯曲应力为 $[\sigma_{-1}] = 60$ MPa。因此 $$\sigma_e = \frac{M_e}{0.1 d_4^3} = \frac{M_e}{0.1 \times 58^3} = 13.61 \ MPa \leqslant [\sigma_{-1}]$$ 故大齿轮轴的强度符合要求。	$F_{RV} = 1496$ N $F_{RH} = 544.5$ N $M_V = 94248$ N·mm $M_H = 34303.5$ N·mm $M_e = 265588$ N·mm $\sigma_e = 13.61$ MPa $\sigma_e \leqslant [\sigma_{-1}]$
5.大齿轮轴上轴承的寿命校核计算	大齿轮轴上的深沟球轴承 6211 承受载荷，是轴支承处的总支反力，只有径向力，且两轴承所受力大小相等。 (1) 当量动载荷 P。轴承当量动载荷 P 等于其所受的总径向力，即 $$P = \sqrt{F_{RV}^2 + F_{RH}^2} = \sqrt{1496^2 + 544.5^2} = 1592 \ (N)$$ (2) 寿命计算。 $$L_h = \frac{10^6}{60n} \left(\frac{f_t C}{f_d P} \right)^3$$ 其中，深沟球轴承 6211 的额定载荷 $C = 43.2$ kN，指数 $\varepsilon = 3$ 轴承在 $100\ ℃$ 油温下工作时 $f_t = 1$，机器外载荷有轻微冲击，取 $f_d = 1.2$，则 $$L_h = \frac{10^6}{60n} \left(\frac{f_t C}{f_d P} \right)^3 = \frac{10^6}{60 \times 105} \times \left(\frac{1 \times 43200}{1.2 \times 1592} \right)^3 = 1.83 \times 10^6 \ (h)$$ 每年工作 300 天，两班工作制，每天工作 16 个小时，则 $$L_y = \frac{1.83 \times 10^6}{300 \times 16} = 381 \ (年)$$ 轴承的寿命足够。	$P = 1592$ N $C = 43.2$ kN $L_h = 1.83 \times 10^6$ h $L_y = 381$ 年 寿命足够

计算项目	计 算 及 说 明	主要结果
6.大齿轮轴上键的强度校核	(1) 联轴器处键的校核。联轴器处的键为 A 形键，键的尺寸为 $b \times h \times L = 14 \text{ mm} \times 9 \text{ mm} \times 100 \text{ mm}$（见 GB/T 1096—2003），选择键的材料为 45 号钢。考虑轻微冲击，许用挤压应力 $[\sigma_p] = 100 \sim 120$ MPa。A 形键的工作长度为 $$l = L - b = 100 - 14 = 86 \text{ (mm)}$$ 挤压应力 σ_p 为 $$\sigma_p = \frac{4T_2}{hld_1} = \frac{4 \times 409870}{9 \times 86 \times 45} = 47.1 \text{ (MPa)}$$ 则 $$\sigma_p \leqslant [\sigma_p]$$ 故强度合适。 (2) 大齿轮处键的校核。齿轮处的键为 A 形键，其键的尺寸为 $b \times h \times L = 16 \text{ mm} \times 10 \text{ mm} \times 50 \text{ mm}$（见 GB/T 1096—2003），选择键的材料为 45 号钢。A 形键的工作长度为 $$l = L - b = 50 - 16 = 34 \text{ (mm)}$$ 挤压应力 σ_p 为 $$\sigma_p = \frac{4T_2}{hld_4} = \frac{4 \times 409870}{10 \times 34 \times 58} = 83.1 \text{ (MPa)}$$ 则 $$\sigma_p \leqslant [\sigma_p]$$ 故强度合适。	$\sigma_p = 47.1$ MPa $\sigma_p = 83.1$ MPa

第 6 章　零件工作图设计

　　零件工作图是零件制造、检验和制定工艺规程的基本技术文件，是在完成装配图设计的基础上绘制的。零件工作图是零件制造和校验的主要技术文件，因此，应完整清楚地表达零件的结构和尺寸，图上应注出尺寸偏差、形位公差和表面粗糙度，写明材料、热处理要求、其他技术要求等。

　　每幅零件工作图需单独绘制在一个标准图幅中，其结构与尺寸需与装配图保持一致，制图比例尽量采用 1∶1。零件工作图需清楚表达出零件各个部分的结构形状及尺寸，并根据机械制图中的规定合理安排布置图画。

　　下面分别介绍轴类和齿轮类零件工作图的设计内容。

6.1　轴类零件工作图

1．视图

　　轴类零件一般用一个主要视图表示，在有键槽和孔的部位，应增加必要的剖视图。对于轴上不易表达清楚的砂轮越程槽、退刀槽、中心孔等，必要时应绘制局部放大图。

2．尺寸标注

　　轴的各段直径应全部标注尺寸，凡是配合处都要标注尺寸极限偏差。

　　在标注轴的各段长度尺寸时，首先应选好基准面，尽可能做到设计基准、工艺基准及测量基准三者一致，并尽量考虑加工过程来标注各段尺寸。基准面常选在传动零件定位面处或轴的端面处。对于长度尺寸精度要求较高的轴段，应尽量直接标出其尺寸。标注尺寸时应避免出现封闭的尺寸链。轴上键槽的位置尺寸、剖面尺寸及偏差均应标出。

3．尺寸公差

　　轴的重要尺寸，如安装齿轮、带轮、联轴器及轴承的轴段直径，均应依据装配图所选的配合性质，查第 8 章中表 8-35 或表 8-37 的公差值，在图上标出极限偏差。键槽的尺寸及公差应依据键连接标准公差(见表 8-31)规定进行标注。

4．几何公差

　　几何公差的类型、几何特征符号、基准符号等内容可参阅机械设计手册。轴上各重要表面应标注形状公差和位置公差，如跳动公差、圆柱度公差、键槽对称度公差等，以保证轴的加工精度和装配质量。轴类零件几何公差推荐标注项目见表 6-1，公差值见表 8-42～表 8-45。轴承与轴颈和外壳孔公差见表 8-20。

表 6-1 轴类零件几何公差推荐标注项目

表面要素	公差类别	公差项目	精度等级	对工作性能的影响
与滚动轴承相配合的轴颈表面	形状公差	圆柱度	5~6	影响与轴承配合的松紧、对中性及几何回转精度
	跳动公差	径向圆跳动	5~6	影响整个轴系的回转偏心
与传动零件相配合的轴颈表面	形状公差	圆柱度	7~8	影响与传动零件配合的松紧、对中性及几何回转精度
	跳动公差	径向圆跳动	6~7	影响传动零件的回转偏心
滚动轴承、齿轮定位的轴肩面	跳动公差	端面圆跳动	6~7	影响轴承、齿轮的定位及受载荷均匀性
平键键槽两侧面	位置公差	对称度	6~8	影响键受载荷的均匀性、键的拆装难易程度

5. 表面粗糙度

表面粗糙度的大小会影响轴类零件的疲劳强度、耐磨性及配合性质，因此轴的各个表面要素均应标注表面粗糙度。轴的各个表面工作要求不同，故其表面粗糙度也不相同，其表面粗糙度数值可按表 6-2 选取。常用工作表面的表面粗糙度推荐值见表 8-47，采用不同加工方法得到的表面粗糙度见表 8-46。

表 6-2 轴表面粗糙度推荐值

表面要素		表面粗糙度 Ra 推荐值/μm		
与滚动轴承相配合的轴颈表面		0.8 (轴承内径 $d \leqslant 80$ mm)		1.6 (轴承内径 $d > 80$ mm)
与传动零件相配合的轴颈表面		1.6~3.2		
滚动轴承、齿轮定位的轴肩面		0.8~1.6		
平键键槽	工作面	1.6~3.2		
	非工作面	6.3~12.5		
轴密封段表面	密封材料	与轴密封处的圆周速度 v / (m/s)		
		$v \leqslant 3$	$3 < v \leqslant 5$	$v > 5$
	橡胶	—	0.8~1.6 抛光	0.4~0.8 抛光
	毛毡	1.6~3.2 抛光	—	
	迷宫式	3.2~6.3		
	涂油槽	3.2~6.3		

6. 技术要求

轴类零件工作图的技术要求的主要内容如下：

(1) 对材料的力学性能和化学成分性能的说明。

(2) 热处理方法、热处理后的硬度、渗碳深度等要求。

(3) 对加工的要求，如中心孔是否保留、配合加工等。

(4) 图中未注明的圆角、倒角尺寸。

(5) 对未注公差尺寸的公差等级要求。

7. 轴类零件工作图示例

图 6-1 为某减速器轴零件工作图示例，供设计时参考。

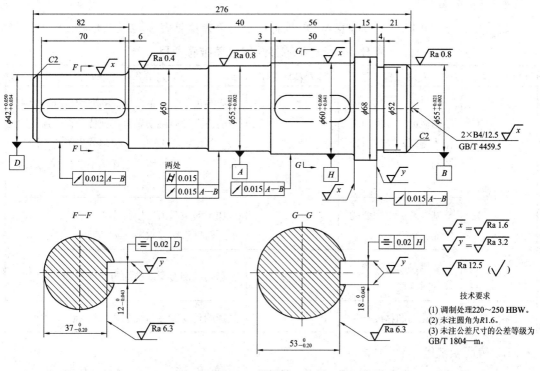

图 6-1　轴零件工作图

6.2　齿轮类零件工作图

1. 视图

齿轮类零件一般用两个视图表示。主视图通常采用通过轴线的全剖或半剖视图，侧视图通常采用可以表达毂孔和键槽的形状、尺寸为主的局部视图。如果齿轮是轮辐结构，则应详细画出侧视图，并附加必要的局部视图。

2. 尺寸标注

齿轮类零件的尺寸可按回转件的尺寸标注。齿轮类零件的轮毂孔是装配的基准，也是齿轮加工和检验的基准，因而径向尺寸以齿轮轴线为基准，以 ϕ 标注。齿轮端面是装配时的定位基准，齿宽方向尺寸以端面为基准。标注尺寸时应注意：齿轮的分度圆虽不能直接测量，但它是设计的基本尺寸，应标注在图上，精确到小数点后两位；齿根圆是按齿轮参数切齿后形成的，按规定在图上不标注。

3. 尺寸公差

齿轮类零件的轮毂孔是重要基准，其加工质量直接影响零件的旋转精度，故孔的尺寸精度一般选为 7 级；齿轮的齿顶常用作工艺基准和测量定位基准，所以应标出齿顶圆尺寸偏差。当齿轮的精度为 6～8 级时，齿顶圆直径尺寸公差为 h8；当齿轮的精度为 9～10 级时，齿顶圆直径尺寸公差为 h9。轮毂孔上键槽的尺寸公差见表 8-31。

4. 几何公差

齿轮类零件的几何公差参考表 6-3 的推荐项目，公差值见表 8-42～表 8-45。

表 6-3　齿轮类零件几何公差推荐项目

内　容	项　目	推荐精度等级	对工作性能影响
位置公差	圆柱齿轮以齿顶圆作为测量基准时齿顶圆的径向圆跳动	按齿轮的精度等级	影响齿厚的测量精度，并在切齿时产生相应的齿面径向跳动误差；使传动件的加工中心与使用中心不一致，引起分齿不均。同时会使轴心线与机床垂直导轨不平行而引起齿向误差
	基准端面对轴线的端面圆跳动		加工时引起齿轮倾斜或心轴弯曲，对齿轮加工精度影响较大
	键槽侧面对孔中心线的对称度	8～9	影响键侧面受载的均匀性及装拆
形状公差	轴孔的圆柱度	7～8	影响传动零件与轴配合的松紧及对中性

5. 表面粗糙度

表 6-4 列出了齿轮类零件表面粗糙度的推荐值，供设计时参考。常用工作表面的表面粗糙度推荐值见表 8-47，采用不同加工方法得到的表面粗糙度见表 8-46。

表 6-4　齿轮类零件表面粗糙度 Ra 的推荐值　　　　　　　　　μm

加工表面		精度等级			
		6	7	8	9
轮齿工作面		<0.8	1.6～0.8	3.2～1.6	6.3～3.2
齿顶圆	测量基面	1.6	1.6～0.8	3.2～1.6	6.3～3.2
	非测量基面	3.2	6.3～3.2	6.3	12.5～6.3
轴孔配合面		3.2～0.8		3.2～1.6	6.3～3.2
与轴肩配合的端面		3.2～0.8		3.2～1.6	6.3～3.2
其他加工面		6.3～1.6		6.3～3.2	12.5～6.3

6. 技术要求

齿轮类零件的技术要求的主要内容如下：

(1) 对铸件、锻件或其他类型坯件的要求。

(2) 对材料力学性能和化学成分的要求及允许代用的材料。

(3) 对材料表面力学性能、齿部热处理方法、热处理后的硬度要求。

(4) 未注明的圆角、倒角的说明及锻造或铸造斜度要求等。

(5) 对大型齿轮或高速齿轮的平衡实验要求等。

7．啮合特性表

齿轮类零件工作图上的啮合特性表应布置在图纸右上角。啮合特性表中内容由两部分组成。第一部分是齿轮的基本参数，如齿轮的齿数 z、模数 m、齿顶高系数 h_a^*、顶隙系数 c^*，精度等级、中心距及其极限偏差。精度等级包括齿轮检验项目的精度等级及其标准。中心距极限偏差值见表 8-50。第二部分是齿轮和传动误差检验项目及其偏差值。机械设计手册推荐的某一检验组包括单个齿距极限偏差 f_{pt}、齿距累积总偏差 F_p、齿廓总偏差 F_α 和螺旋线总偏差 F_β。标准直齿圆柱齿轮公法线长度 $W_k = W_k^* \cdot m$(m 为模数)，W_k 及跨测齿数 k 见表 8-53；公法线上偏差 $E_{bns} = E_{sns} \cos\alpha$，公法线下偏差 $E_{bni} = E_{sni} \cos\alpha$，其中 E_{sns}、E_{sni} 分别为齿厚允许的上、下偏差，见表 8-54。

8．齿轮零件工作图示例

图 6-2 为某减速器圆柱齿轮零件工作图示例，供设计时参考。

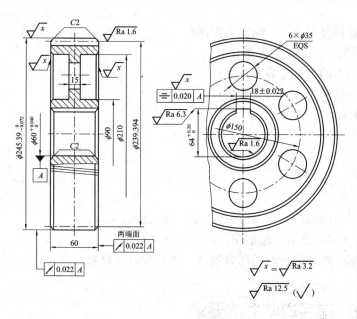

法向模数	m_n	3
齿数	z	79
法向压力角	α_n	20
齿顶高系数	h_a^*	1
顶隙系数	c^*	0.25
螺旋角	β	8°6'4"
旋向		右旋
径向变位系数	x	0
精度等级		8 (GB/T 10095—2008)
齿轮副中心距及其极限偏差		150±0.032
配对齿轮	图号	
	齿数	20
单个齿距极限偏差	$\pm f_{pt}$	±0.018
齿距累积总偏差	F_P	0.070
齿廓总偏差	F_α	0.025
螺旋线总偏差	F_β	0.029
公法线平均长度及其偏差		$87.551^{-0.110}_{-0.216}$
跨测齿数	k	10
技术要求 (1) 其余倒角 $C2$。 (2) 未注圆角为 $R3$。 (3) 调制处理220～250 HBW。		

图 6-2　圆柱齿轮零件工作图

第 7 章　设计计算说明书的编写及答辩准备

设计计算说明书是图纸设计的理论依据，是设计过程的整理与总结，同时也是审核设计合理与否的重要技术文件。

7.1　设计计算说明书的内容

设计计算说明书主要包括以下内容：

(1) 目录。

(2) 设计任务书。

(3) 传动方案的拟定及说明(题目分析，附传动方案简图)。

(4) 电动机的选择，传动系统的运动和动力参数计算。

(5) 传动零件的计算(确定传动件的主要参数和尺寸)。

(6) 轴的结构设计(初估轴径、结构设计和强度校核)。

(7) 滚动轴承的选择和寿命计算。

(8) 键连接的选择和计算。

(9) 联轴器的选择。

(10) 减速器附件的选择。

(11) 润滑与密封。

(12) 设计小结(简要说明课程设计的体会，设计的优、缺点及改进意见等)。

(13) 参考资料(资料的编号、书名、作者、出版单位、出版时间)。

还可以包含一些其他技术说明，例如装拆时的注意事项、维护保养等要求。

7.2　编写说明书的要求

编写说明书时的要求如下：

(1) 设计计算说明书要求论述清楚、文字精练、计算正确、书写工整。

(2) 说明书采用统一格式的封面，编号目录，装订成册。封面格式可参照图 7-1。

(3) 说明书中应附必要的插图(如传动方案简图，轴的结构、受力、弯矩和转矩图等)。

(4) 对所引用的计算公式和数据，应标明来源(参考资料的编号和页码)。

(5) 说明书中每一自成单元的内容，应有大小标题，使其醒目，便于查阅。

(6) 计算过程应层次分明。计算部分仅列出公式，然后代入数据，略去推算过程，直接得出计算结果。并写上结论性用语，如"合格"、"安全"或"强度足够"等。对计算出的数据，需圆整的应予圆整，属于精确计算的不能随意圆整。

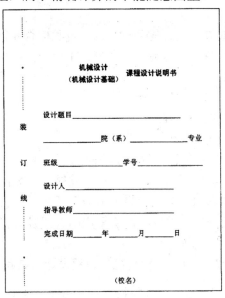

图 7-1　设计计算说明书封面格式

7.3　设计计算说明书书写示例

设计计算说明书的书写示例如表 7-1 所示。

表 7-1　设计计算说明书的书写示例

设计计算及说明	结　果
……	
二、电动机的选择	
1. 电动机类型的选择	
根据电源及工作机工作条件，选用卧式封闭型 Y(IP44)系列三相交流异步电动机。	
2. 电动机功率的选择	
(1) 工作机所需功率。由本书 p.7 式(2-4)可得 $$P_w = \frac{Tn}{9550} = \frac{650 \times 60}{9550} = 4.08 \ (\text{kW})$$	$P_w = 4.08 \ \text{kW}$
(2) 电动机输出功率为 $$P_d = \frac{P_w}{\eta} = \frac{4.08}{0.85} = 4.8 \ (\text{kW})$$	
由表 2-1 查取 V 带传动、滚动轴承、齿轮传动、联轴器的效率。	
……	

7.4　课程设计总结

　　课程设计总结主要是对设计过程的分析，以及自我检查和评价，让设计者总结、巩固并提高所学过的知识。设计总结应以设计任务书为主要依据，可以从确定方案直至结构设计各个方面的具体问题开始。应客观分析该设计的优缺点，并评价自己所设计的结果是否能够满足任务书的要求。

　　课程设计总结主要包括以下内容：

　　(1) 分析总体设计方案的合理性。

　　(2) 分析零部件结构设计及设计计算的准确性。

　　(3) 认真检查装配图、零件图结构中是否存在问题。对装配图要重点检查分析轴系结构中是否存在错误与不合理部分。对零件图应着重分析尺寸及公差的标注是否适当。

　　(4) 对计算部分，着重分析计算依据、所采用的公式及数据来源是否可靠，计算结果是否正确等。

　　(5) 总结分析课程设计，检查并评价自己的课程设计所具有的特点以及不足。

7.5　课程设计答辩

　　答辩是课程设计的重要组成部分，它不仅是为了考核和评估设计者的设计能力、设计质量与设计水平，而且通过总结与答辩，使设计者对自己设计工作和设计结果进行一次较全面系统的回顾、分析与总结，从而达到"知其然"也"知其所以然"，是一次知识与能力进一步提高的过程。

　1．答辩前的准备工作

　　(1) 答辩前必须完成规定的设计任务，完成全部设计工作量。

　　(2) 必须整理好全部设计图纸及设计说明书。图纸必须折叠整齐，说明书必须装订成册，然后与图纸一起装袋，呈交指导教师审阅。叠图样式可参阅《技术制图 复制图的折叠方法(GB/T 10609.3—2009)》。

　　(3) 答辩前参考答辩思考题，结合设计工作，认真进行系统、全面的思考、回顾和总结。

　　课程设计的成绩应根据设计图纸、计算说明书和答辩过程中回答问题的情况，同时参考设计过程中的平时表现综合评定。

　2．答辩思考题

　　(1) 电动机功率对传动方案有何影响？

　　(2) 传动比的分配原则有哪些，需要考虑哪些因素？传动比分配对设计方案有何影响？

　　(3) 传动装置中各相邻轴、轴与齿轮间的转速、功率和转矩有何关系？

(4) 传动轴的功率 P、转矩 T、转速 n 之间有何关系？

(5) 如何确定和分配减速器的总传动比？

(6) 一对啮合的齿轮，大小齿轮为何常用不同的材料与热处理方式？

(7) 为什么设计时通常先设计装配草图？减速器装配草图设计包括哪些？在绘制草图前需要进行哪些工作？

(8) 齿轮的材料、加工工艺的选择和齿轮尺寸之间有何关系？哪些情况下齿轮应与轴制成一体？

(9) 如何调整斜齿圆柱齿轮传动的中心距？圆整后，如何调整 m、z、β 等参数？

(10) 轮毂宽度与轴头长度是否相同？

(11) 在滚动轴承组合设计中，需要采用哪些固定方式，为什么？

(12) 如何确定齿轮减速器的模数 m 和齿数 z？

(13) 在齿轮设计中，当弯曲疲劳强度不满足要求时，需采用哪些措施来提高齿轮的弯曲疲劳强度？

(14) 在齿轮设计中，当接触疲劳不满足要求时，需采用哪些措施来提高齿轮的接触疲劳强度？

(15) 大小齿轮的硬度有何差别？哪一个齿轮的硬度比较高？

(16) 软齿面齿轮传动和硬齿面齿轮传动各有何特点？

(17) 在什么情况下采用直齿轮，什么情况下采用斜齿轮？

(18) 轴的强度计算方法有哪些？

(19) 如何确定轴的支承点位置和传动零件上力的作用点？

(20) 角接触轴承为何需成对使用？

(21) 当滚动轴承的寿命不能满足要求时，应如何解决？

(22) 如何选择轴承的润滑方式？怎样从结构上确保脂润滑和油润滑能够供应充分？

(23) 如何在轴上确定键的位置？在键连接设计时应注意哪些问题？

(24) 如何选择联轴器？

(25) 箱体中的油量是如何确定的？

(26) 在伸出轴与轴承端盖之间的密封件有哪些？在设计中选取了哪几种密封件？选择的依据是什么？

(27) 轴承端盖有什么作用？轴承端盖的各部分尺寸如何确定？

(28) 调整垫片的作用是什么？

(29) 为何在两端固定式的轴承组合设计中要留有轴向间隙？对轴承轴向间隙的要求如何在装配图中体现？

(30) 箱体同侧轴承座端面为什么要尽量在同一水平面上？

(31) 为何箱体的底面不能设计成平面？

(32) 箱体上同一根轴的轴承座孔为何要设计成一样大小？

(33) 螺纹连接外的凸台或沉孔有什么作用？

(34) 齿轮减速器中各个附件各有什么作用？

(35) 起盖螺钉的作用是什么？怎么确定起盖螺钉的位置？

(36) 毡圈密封槽为何做成梯形？

(37) 通气器的作用是什么？如何确定通气器的位置？

(38) 放油螺塞的作用是什么？放油孔应开在哪个部位？

(39) 减速器箱盖与箱座连接处定位销有什么作用？如何确定销孔的位置？

(40) 轴承座旁连接螺栓为何要尽量靠近？

(41) 装配图上需标注哪些尺寸？各个主要零件的配合要如何选择？

(42) 在轴的零件工作图中，对轴的几何公差有哪些基本要求？

(43) 在齿轮的零件工作图中应注意哪些尺寸公差？

(44) 为什么需要标注齿轮的毛坯公差？毛坯公差包括哪些？

(45) 零件图有哪些作用和设计内容？

(46) 装配图上的技术要求主要包括哪几方面内容？

(47) 轴的表面粗糙度和形位公差对轴的加工精度和装配质量有何影响？

(48) 如何选择齿轮类零件的误差检验项目，与齿轮精度有何关系？

(49) 明细表的作用是什么？需要填写哪些内容？

(50) 在课程设计中，你的最大收获是什么，课程设计在哪些方面还需改进？

第 8 章　常用标准及规范

8.1　制图标准规范

(1) 图纸幅面尺寸与图样比例关系见表 8-1。

表 8-1　图纸幅面尺寸与图样比例关系(摘自 GB/T 14689—2008)　mm

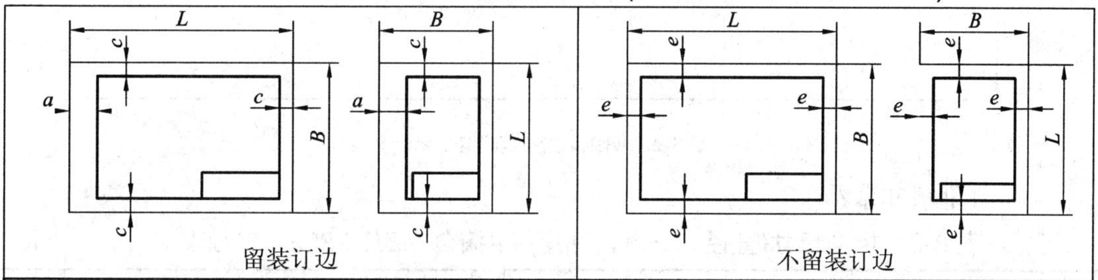

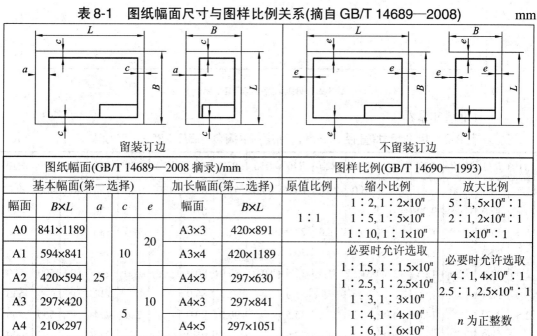

图纸幅面(GB/T 14689—2008 摘录)/mm							图样比例(GB/T 14690—1993)		
基本幅面(第一选择)					加长幅面(第二选择)		原值比例	缩小比例	放大比例
幅面	$B\times L$	a	c	e	幅面	$B\times L$	1∶1	1∶2, 1∶2×10^n 1∶5, 1∶5×10^n 1∶10, 1∶1×10^n	5∶1, 5×10^n∶1 2∶1, 2×10^n∶1 1×10^n∶1
A0	841×1189	25	10	20	A3×3	420×891			
A1	594×841				A3×4	420×1189		必要时允许选取 1∶1.5, 1∶1.5×10^n 1∶2.5, 1∶2.5×10^n 1∶3, 1∶3×10^n 1∶4, 1∶4×10^n 1∶6, 1∶6×10^n	必要时允许选取 4∶1, 4×10^n∶1 2.5∶1, 2.5×10^n∶1 n 为正整数
A2	420×594			10	A4×3	297×630			
A3	297×420		5		A4×3	297×841			
A4	210×297				A4×5	297×1051			

(2) 标题栏格式及尺寸如图 8-1 所示(摘自 GB/T 10609.1—2008)。

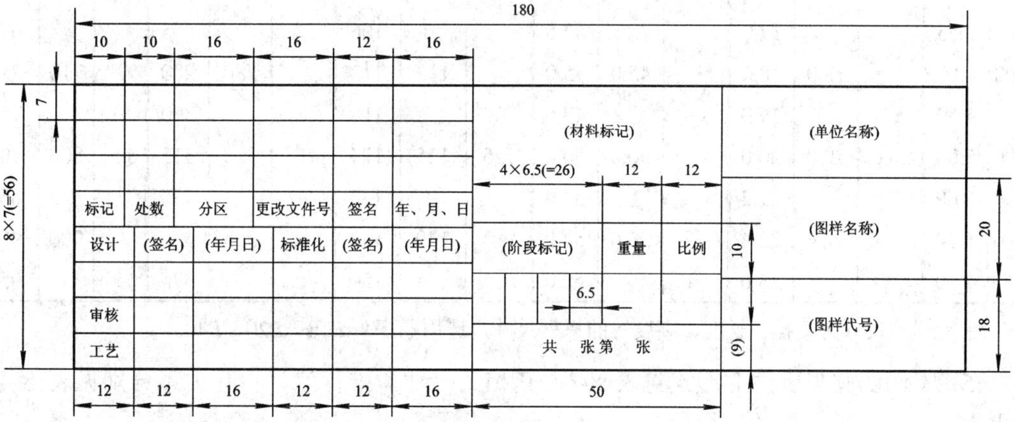

图 8-1　标题栏格式及尺寸(单位：mm)

(3) 明细表格式如图 8-2 所示(摘自 GB/T 10609.2—2009)。

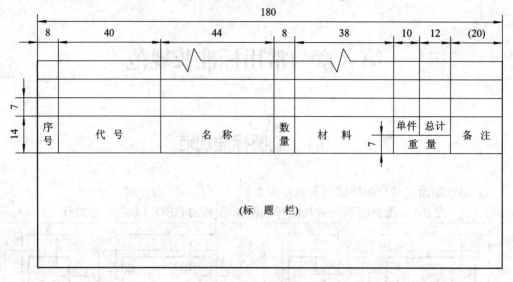

180

8   40   44   8   38   10   12   (20)

| 序号 | 代 号 | 名 称 | 数量 | 材 料 | 单件 | 总计 | 备 注 |

(标 题 栏)

图 8-2 明细表格式(单位：mm)

(4) 标准尺寸见表 8-2。

表 8-2 标准尺寸(直径、长度、高度等)(摘自 GB/T 2822—2005)   mm

R10	R20	R10	R20	R40	R10	R20	R40	R10	R20	R40	R10	R20	R40	R10	R20	R40
1.25	1.25	8.00	8.00		25.0	25.0	25.0	63.0	63.0	63.0	160	160	160	400	400	400
	1.40		9.00				26.5			67.0			170			425
1.60	1.60	10.0	10.0			28.0	28.0		71.0	71.0		180	180			450
	1.80		11.2				30.0			75.0			190			475
2.00	2.00	12.5	12.5	12.5	31.5	31.5	31.5	80.0	80.0	80.0	200	200	200	500	500	500
	2.24			13.2			33.5			85.0			212			530
2.50	2.50		14.0	14.0		35.5	35.5		90.0	90.0		224	224		560	560
	2.80			15.0			37.5			95.0			236			600
3.15	3.15	16.0	16.0	16.0	40.0	40.0	40.0	100	100	100	250	250	250	630	630	630
	3.55			17.0			42.5			106			265			670
4.00	4.00		18.0	18.0		45.0	45.0		112	112		280	280		710	710
	4.50			19.0			47.5			118			300			750
5.00	5.00	20.0	20.0	20.0	50.0	50.0	50.0	125	125	125	315	315	315	800	800	800
	5.60			21.2			53.0			132			335			850
6.30	6.30		22.4	22.4		56.0	56.0		140	140		355	355		900	900
	7.10			23.6			60.0			150			375			950

注：标准尺寸为直径、长度、高度等的系列尺寸，选用顺序为 R10、R20、R40。

(5) 零件倒圆与倒角的形式见表 8-3，其相关尺寸、推荐值、相互关系分别见表 8-4～表 8-6。

表 8-3　零件倒圆与倒角(摘自 GB/T 6403.4—2008)

倒圆形式	倒角形式	倒圆、倒角(45°)的四种装配形式

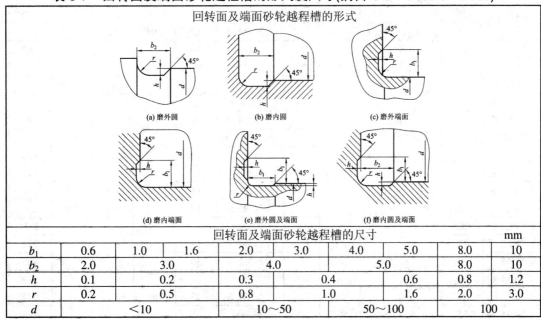

表 8-4　倒圆、倒角尺寸系列值

R 或 C/mm	0.1	0.2	0.3	0.4	0.5	0.6	0.8	1.0	1.2	1.6	2.0	2.5	3.0
	4.0	5.0	6.0	8.0	10	12	16	20	25	32	40	50	—

表 8-5　与直径 ϕ 相应的倒角尺寸 C、倒圆尺寸 R 的推荐值

ϕ/mm	~3	>3 ~6	>6 ~10	>10 ~18	>18 ~30	>30 ~50	>50 ~80	>80 ~120	>120 ~180	>180 ~250	>250 ~320	>320 ~400
C 或 R/mm	0.2	0.4	0.6	0.8	1.0	1.6	2.0	2.5	3.0	4.0	5.0	6.0

表 8-6　内角倒角、外角倒圆时 C_{max} 与 R_1 的关系

R_1/mm	0.1	0.2	0.3	0.4	0.5	0.6	0.8	1.0	1.2	1.6	2.0	2.5	3.0	4.0	5.0	6.0	8.0	10
C_{max}/mm ($C<0.58R_1$)	—	0.1		0.2		0.3	0.4	0.5	0.6	0.8	1.0	1.2	1.6	2.0	2.5	3.0	4.0	5.0

注：α 一般选择 45°，也可选择 30°或 60°。

(6) 回转面及端面砂轮越程槽的形式及尺寸见表 8-7。

表 8-7　回转面及端面砂轮越程槽的形式及尺寸(摘自 GB/T 6403.5—2008)

回转面及端面砂轮越程槽的形式

(a) 磨外圆　　(b) 磨内圆　　(c) 磨外端面

(d) 磨内端面　　(e) 磨外圆及端面　　(f) 磨内圆及端面

回转面及端面砂轮越程槽的尺寸							mm
b_1	0.6	1.0	1.6	2.0	3.0	4.0	5.0	8.0	10
b_2	2.0	3.0		4.0		5.0		8.0	10
h	0.1	0.2		0.3	0.4		0.6	0.8	1.2
r	0.2	0.5		0.8	1.0		1.6	2.0	3.0
d	<10			10~50		50~100		100	

注：(1) 越程槽内与直线相交处不允许产生尖角；(2) 越程槽深度 h 与圆环半径 r 要满足 $r\leqslant3h$。

8.2　电动机技术参数与相关尺寸

(1) Y系列(IP44)三相异步电动机的技术参数见表8-8。

表8-8　Y系列(IP44)三相异步电动机的技术数据(摘自 JB/T 10391—2008)

电动机型号	额定功率/kW	满载转速/(r/min)	堵转转矩/额定转矩	最大转矩/额定转矩	质量/kg	电动机型号	额定功率/kW	满载转速/(r/min)	堵转转矩/额定转矩	最大转矩/额定转矩	质量/kg
同步转速 3000 r/min，2 极						同步转速 1500 r/min，4 极					
Y801-2	0.75	2825			16	Y801-4	0.55	1390	2.4		17
Y802-2	1.1				17	Y802-4	0.75				18
Y90S-2	1.5	2840	2.2		22	Y90S-4	1.1	1400	2.3		22
Y90L-2	2.2				25	Y90L-4	1.5				27
Y100L-2	3	2880		2.3	33	Y100L1-4	2.2	1420			34
Y112M-2	4	2890			45	Y100L2-4	3			2.3	38
Y132S1-2	5.5	2900			64	Y112M-4	4				43
Y132S2-2	7.5				70	Y132S-4	5.5	1440	2.2		68
Y160M1-2	11				117	Y132M-4	7.5				81
Y160M2-2	15	2930			125	Y160M-4	11	1460			123
Y160L-2	18.5		2.0		147	Y160L-4	15				144
Y180M-2	22	2940			180	Y180M-4	18.5				182
Y200L1-2	30	2950		2.2	240	Y180L-4	22	1470	2.0		190
Y200L2-2	37				255	Y200L-4	30				270
Y225M-2	45	2970			309	Y225S-4	37		1.9	2.2	284
Y250M-2	55				403	Y225M-4	45				320
同步转速 1000 r/min，6 极						Y250M-4	55	1480	2.0		427
Y90S-6	0.75	910			23	Y280S-4	75		1.9		562
Y90L-6	1.1				25	Y280M-4	90				667
Y100L-6	1.5	940			33	同步转速 750 r/min，8 极					
Y112M-6	2.2		2.2		45	Y132S-8	2.2	710			63
Y132S-6	3				63	Y132M-8	3				79
Y132M1-6	4	960			73	Y160M1-8	4		2.0		118
Y132M2-6	5.5		2.0		84	Y160M2-8	5.5	720			119
Y160M-6	7.5				119	Y160L-8	7.5				145
Y160L-6	11				147	Y180L-8	11		1.7		184
Y180L-6	15	970			195	Y200L-8	15		1.8	2.0	250
Y200L1-6	18.5				220	Y225S-8	18.5	730	1.7		266
Y200L2-6	22		2.0		250	Y225M-8	22				292
Y225M-6	30				292	Y250M-8	30				405
Y250M-6	37	980	1.7		408	Y280S-8	37		1.6		520
Y280S-6	45		1.8		536	Y280M-8	45	740			592
Y280M-6	55				596	Y315S-8	55		1.6		1000

(2) Y 系列(IP44)三相异步电动机的安装尺寸及外形尺寸见表 8-9。

表 8-9　电动机机座带地脚、端盖上无凸缘的安装尺寸及外形尺寸
(摘自 JB/T 10391—2008)

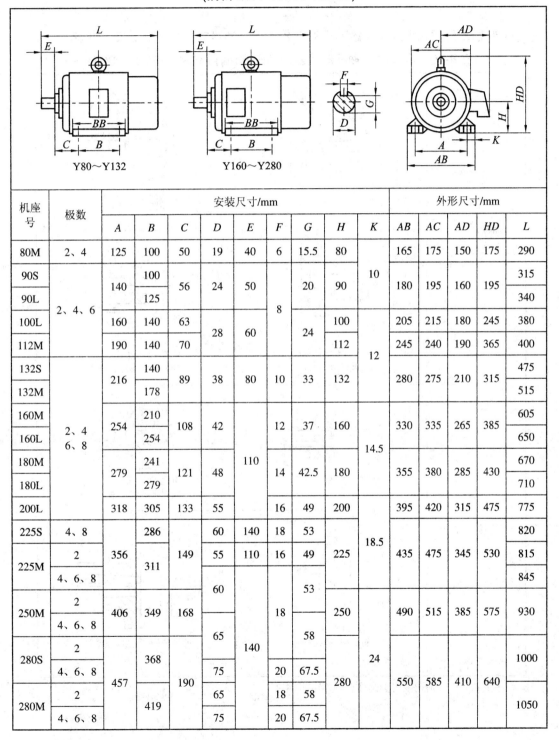

Y80～Y132　　　Y160～Y280

机座号	极数	安装尺寸/mm									外形尺寸/mm				
		A	B	C	D	E	F	G	H	K	AB	AC	AD	HD	L
80M	2、4	125	100	50	19	40	6	15.5	80	10	165	175	150	175	290
90S	2、4、6	140	100	56	24	50	8	20	90	10	180	195	160	195	315
90L		140	125	56	24	50	8	20	90	10	180	195	160	195	340
100L		160	140	63	28	60	8	24	100	12	205	215	180	245	380
112M		190	140	70	28	60	8	24	112	12	245	240	190	365	400
132S	2、4 6、8	216	140	89	38	80	10	33	132	12	280	275	210	315	475
132M		216	178	89	38	80	10	33	132	12	280	275	210	315	515
160M		254	210	108	42	110	12	37	160	14.5	330	335	265	385	605
160L		254	254	108	42	110	12	37	160	14.5	330	335	265	385	650
180M		279	241	121	48	110	14	42.5	180	14.5	355	380	285	430	670
180L		279	279	121	48	110	14	42.5	180	14.5	355	380	285	430	710
200L		318	305	133	55	110	16	49	200	14.5	395	420	315	475	775
225S	4、8	356	286	149	60	140	18	53	225	18.5	435	475	345	530	820
225M	2	356	311	149	55	110	16	49	225	18.5	435	475	345	530	815
225M	4、6、8	356	311	149	60	140	18	53	225	18.5	435	475	345	530	845
250M	2	406	349	168	60	140	18	53	250	18.5	490	515	385	575	930
250M	4、6、8	406	349	168	65	140	18	58	250	18.5	490	515	385	575	930
280S	2	457	368	190	65	140	18	58	280	24	550	585	410	640	1000
280S	4、6、8	457	368	190	75	140	20	67.5	280	24	550	585	410	640	1000
280M	2	457	419	190	65	140	18	58	280	24	550	585	410	640	1050
280M	4、6、8	457	419	190	75	140	20	67.5	280	24	550	585	410	640	1050

8.3 联 轴 器

(1) 联轴器的轴孔形式及连接形式见表 8-10，联轴器轴孔及键槽的尺寸见表 8-11。

表 8-10 联轴器的轴孔形式及连接形式(摘自 GB/T 3852—2008)

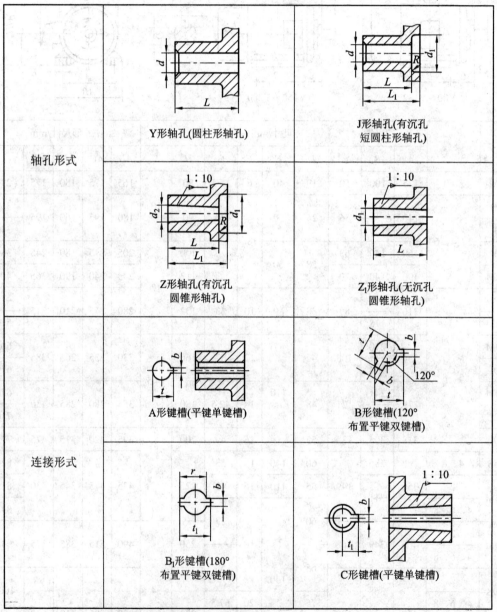

轴孔形式	Y形轴孔(圆柱形轴孔)	J形轴孔(有沉孔 短圆柱形轴孔)
	Z形轴孔(有沉孔 圆锥形轴孔)	Z₁形轴孔(无沉孔 圆锥形轴孔)
连接形式	A形键槽(平键单键槽)	B形键槽(120° 布置平键双键槽)
	B₁形键槽(180° 布置平键双键槽)	C形键槽(平键单键槽)

注：(1) Y 形轴孔限用于圆柱形轴伸电机端。

(2) J 形轴孔为推荐选用轴孔。

表 8-11　联轴器轴孔及键槽的尺寸(摘自 GB/T 3852—2008)　　　mm

轴孔直径 d、d_z	长度 L Y形	长度 L J形、Z形、Z_1形	L_1	沉孔 d_1	沉孔 R	A形、B形、B_1形键槽 b	t 公称尺寸	t 极限偏差	t_1 公称尺寸	t_1 极限偏差	B形键槽位置公差	C形键槽 b	t_2 Y形	t_2 J形、Z形、Z_1形	极限偏差
10	25	22	—	—	—	3	11.4	+0.1 0	12.8	+0.2 0	—	—	—	—	—
11	(17)	(—)				4	12.8		14.6		0.03	2	6.1		+0.1 0
12	32	27					13.8		15.6				6.5		
14	(20)	(—)				5	16.3		18.6			3	7.9		
16	42	30	42	38	1.5		18.3		20.6				8.7	9.0	
18	(30)	(18)				6	20.8		23.6			4	10.1	10.4	
19							21.8		24.6				10.6	10.9	
20	52	38	52				22.8		25.6				10.9	11.2	
22	(38)	(24)					24.8		27.6				11.9	12.2	
24						8	27.3		30.6	+0.4 0	0.04	5	13.4	13.7	
25	62	44	62	48			28.3		31.6				13.7	14.2	
28	(44)	(26)					31.3		34.6				15.2	15.7	
30	82	60	82	55	1.5		33.3		36.6		0.04		15.8	16.4	+0.1 0
32						10	35.3		38.6			6	17.3	17.9	
35	(60)	(38)					38.3		41.6				18.8	19.4	
38							41.3		44.6				20.3	20.9	
40	112	84	112	65	2.0	12	43.3	+0.20 0	46.6		0.05	10	21.2	21.9	+0.2 0
42							45.3		48.6				22.2	22.9	
45				80		14	48.8		52.6			12	23.7	24.4	
48	(84)	(56)					51.8		55.6				25.2	25.9	
50							53.8		57.6				26.2	26.9	
55				95		16	59.3		63.6			14	29.2	29.9	
56							60.3		64.6				29.7	30.4	
60	142	107	142	105	2.5	18	64.4		68.8		0.05	16	31.7	32.5	
63							67.4		71.8				32.2	34.0	
65	(107)	(72)					69.4		73.8				34.2	35.0	
70				120		20	74.9		79.8			18	36.8	37.6	
71							75.9		80.8				37.3	38.1	
75							79.9		84.8				39.3	40.1	
80	172	132	172	140	3.0	22	85.4	+0.2 0	90.8	+0.4 0	0.06	20	41.6	42.6	
85							90.4		95.8				44.1	45.1	
90	(132)	(92)		160		25	95.4		100.8			22	47.1	48.1	
95							100.4		105.8				49.6	50.6	
100	212	167	212	180		28	106.4		112.8			25	51.3	52.4	
110							116.4		122.8				56.3	57.4	
120	(167)	(122)		210		32	127.4		134.8			28	62.3	63.4	
125							132.4		139.8				64.8	65.9	
130	252	202	252	235	4.0		137.4		144.8				66.4	67.6	
140	(202)	(152)		265		36	148.4	+0.3 0	156.8	+0.6 0	0.08	32	72.4	73.6	
150							158.4		166.8				77.4	78.6	

注：(1) 表中带()的尺寸应用于圆锥形轴孔。

(2) 圆柱形轴孔的直径 d 极限偏差为 H7。

(3) 圆锥形轴孔的直径 d_z 极限偏差为 H10。

(4) 键槽宽度 b 的极限偏差为 P9，也可采用 GB/T 1095—2003 中规定的 JS 9。

(2) 弹性柱销联轴器的结构与尺寸见表 8-12。

表 8-12　LX 型弹性柱销联轴器的结构与尺寸(摘自 GB/T 5014—2003)

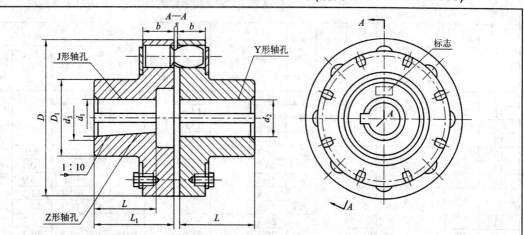

标记示例：LX3 弹性柱销联轴器

主动端：Z 形轴孔，C 形键槽；d_2=30 mm，L_1=60 mm；

从动端：J 形轴孔，B 形键槽；d_3=40 mm，L_1=84 mm

标记为：LX3 联轴器 $\dfrac{ZC30\times60}{JB40\times84}$ (GB/T 5014—2003)

型号	公称转矩 T_n/(N·m)	许用转速 $[n]$/(r/min)	轴孔直径 d_1,d_2,d_3	轴孔长度			D	D_1	b	s	转动惯量 I/(kg·m²)	质量 m/kg
				Y 形	J、Z 形							
				L	L	L_1						
LX1	250	8500	12,14	32	27		90	40	20		0.002	2
			16,18,19	42	30	42						
			20,22,24	52	38	52						
LX2	560	6300	20,22,24	52	38	52	120	55	28	2.5	0.009	5
			25,28	62	44	62						
			30,32,35	82	60	82						
LX3	1250	4750	30,32,35,38	82	60	82	160	75	36		0.026	8
			40,42,45,48	112	84	112						
LX4	2500	3870	40,42,45,48,50,55,56	112	84	112	195	100	45		0.109	22
			60,63	142	107	142				3		
LX5	3150	3450	50,55,56	112	84	112	220	120	45		0.191	30
			60,63,65,70,71,75	142	107	142						
LX6	6300	2720	60,63,65,70,71,75	142	107	142	280	140	56		0.543	53
			80,85	172	132	172						
LX7	11200	2360	70,71,75	142	107	142	320	170	56	4	1.314	98
			80,85,90,95	172	132	172						
			100,110	212	167	212						
LX8	16000	2120	80,85,90,95	172	132	172	360	200	56	5	2.023	119
			100,110,120,125	212	167	212						

注：质量、转动惯量的值是按 J/Y 形轴孔组合形式和最小轴孔直径计算的近似值。

(3) 弹性套柱销联轴器的结构与尺寸见表 8-13。

表 8-13 LT 型弹性套柱销联轴器的结构与尺寸(摘自 GB/T 4323—2002)

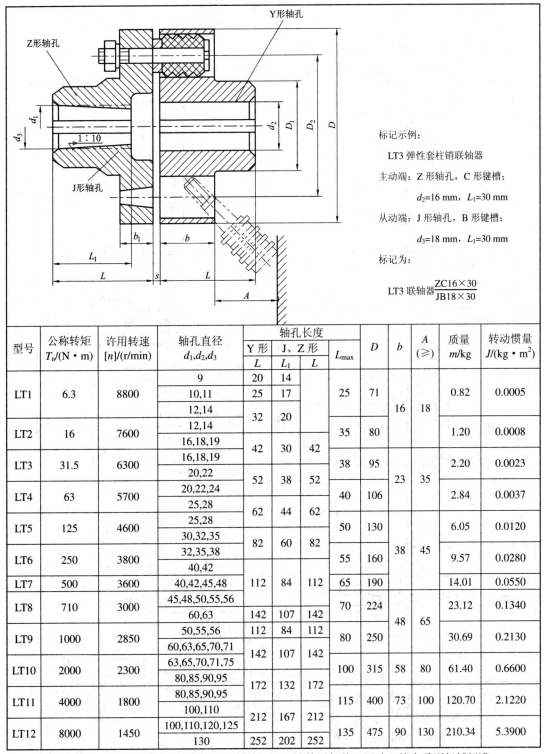

标记示例:

LT3 弹性套柱销联轴器

主动端:Z 形轴孔,C 形键槽;

$d_2=16$ mm,$L_1=30$ mm

从动端:J 形轴孔,B 形键槽;

$d_3=18$ mm,$L_1=30$ mm

标记为:

LT3 联轴器 $\dfrac{ZC16\times30}{JB18\times30}$

型号	公称转矩 T_n/(N·m)	许用转速 $[n]$/(r/min)	轴孔直径 d_1,d_2,d_3	轴孔长度 Y 形 L	轴孔长度 J、Z 形 L_1	轴孔长度 J、Z 形 L	L_{max}	D	b	A (≥)	质量 m/kg	转动惯量 J/(kg·m²)
LT1	6.3	8800	9	20	14		25	71	16	18	0.82	0.0005
			10,11	25	17							
			12,14	32	20							
LT2	16	7600	12,14	32	20		35	80			1.20	0.0008
			16,18,19	42	30	42						
LT3	31.5	6300	16,18,19	42	30	42	38	95	23	35	2.20	0.0023
			20,22	52	38	52						
LT4	63	5700	20,22,24	52	38	52	40	106			2.84	0.0037
			25,28	62	44	62						
LT5	125	4600	25,28	62	44	62	50	130			6.05	0.0120
			30,32,35	82	60	82						
LT6	250	3800	32,35,38	82	60	82	55	160	38	45	9.57	0.0280
			40,42									
LT7	500	3600	40,42,45,48	112	84	112	65	190			14.01	0.0550
LT8	710	3000	45,48,50,55,56	112	84	112	70	224	48	65	23.12	0.1340
			60,63	142	107	142						
LT9	1000	2850	50,55,56	112	84	112	80	250			30.69	0.2130
			60,63,65,70,71	142	107	142						
LT10	2000	2300	63,65,70,71,75	142	107	142	100	315	58	80	61.40	0.6600
			80,85,90,95	172	132	172						
LT11	4000	1800	80,85,90,95	172	132	172	115	400	73	100	120.70	2.1220
			100,110	212	167	212						
LT12	8000	1450	100,110,120,125	212	167	212	135	475	90	130	210.34	5.3900
			130	252	202	252						

注:质量、转动惯量按材料为铸钢、最大轴孔、L_{max} 计算近似值;尺寸 b 摘自重型机械标准。

8.4 密 封 件

(1) 毡圈油封的结构和尺寸见表 8-14。

表 8-14 毡圈油封的结构和尺寸(摘自 JB/ZQ 4606—1986) mm

轴径 d	毡圈				槽				
	D	d_1	B	质量 m /kg	D_0	d_0	b	δ_{min} 用于钢	用于铸铁
15	29	14	6	0.0010	28	16	5	10	12
20	33	19		0.0012	32	21			
25	39	24	7	0.0018	38	26	6	12	15
30	45	29		0.0023	44	31			
35	49	34		0.0023	48	36			
40	53	39		0.0026	52	41			
45	61	44	8	0.0040	60	46	7		
50	69	49		0.0054	68	51			
55	74	53		0.0060	72	56			
60	80	58		0.0069	78	61			
65	84	63		0.0070	82	66			
70	90	68		0.0079	88	71			
75	94	73		0.0080	92	77			
80	102	78	9	0.011	100	82	8	15	18
85	107	83		0.012	105	87			
90	112	88		0.012	110	92			
95	117	93		0.014	115	97			
100	122	98		0.015	120	102			
105	127	103		0.016	125	107			
110	132	108	10	0.017	130	112			
115	137	113		0.018	135	117			
120	142	118		0.018	140	122			
125	147	123		0.018	145	127			

左侧示意图标注：毡圈 d_1、D、B；装毡圈的沟槽尺寸 b、$d(f9)$、$d_0{}^{+0.1}_{0}$、$D_0{}^{+0.5}_{0}$、Ra 25、14°、δ、Ra 25

注：(1) 标准 JB/ZQ 4606—1986 的材料：半粗羊毛毡。

　　(2) 毡圈油封用于线速度小于 5 m/s 的场合。

　　(3) 标注示例：d=50 mm 的毡圈油封标注为

毡圈　50　JB/ZQ 4606—1986

(2) J 形无骨架橡胶油封的结构和尺寸见表 8-15。

表 8-15　J 形无骨架橡胶油封的结构和尺寸(摘自 HG4—338—1966)　　mm

1—J形橡胶油封体；2—弹簧

$H_1=H-(1\sim2)$

J形橡胶油封体的结构形状

轴径 d	D		H		无弹簧时直径 d_1		D_1
	公称尺寸	允许公差	公称尺寸	允许公差	公称尺寸	允许公差	
30	55				29		46
35	60				34		51
40	65				39		56
45	70				44		61
50	75				49		66
55	80				54	±0.5	71
60	85		12		59		76
65	90	+0.5 −0.3			64		81
70	95				69		86
75	100			+0.5 −0.3	74		91
80	105				79		96
85	110				84		101
90	115				89		106
95	120				94		111
100	130				99		120
110	140				109	−1.0	130
120	150	+1.0 −0.5	16		119		140
130	160				129		150
140	170				139		160
150	180				149		170

注：标注示例：$d=50$ mm，$D=75$ mm，$H=12$ mm，J 形无骨架橡胶油封标注为

J 形油封　50×75×12　HG4—338—1966

8.5　滚　动　轴　承

(1) 深沟球轴承的结构与相关参数见表 8-16。

表 8-16　深沟球轴承的结构与相关参数(GB/T 276—2013)

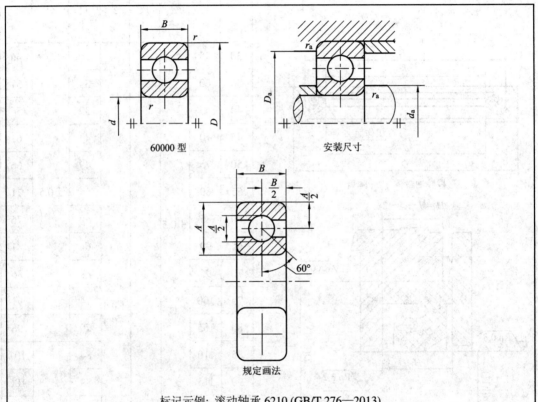

60000 型　　　　安装尺寸

规定画法

标记示例: 滚动轴承 6210 (GB/T 276—2013)

F_a/C_{or}	e	Y	径向当量动载荷	径向当量静载荷
0.014	0.19	2.30		
0.028	0.22	1.99		
0.056	0.26	1.71		
0.084	0.28	1.55	$P_r = XF_r + YF_a$	$P_{or} = F_r$
0.11	0.30	1.45	当 $\frac{F_a}{F_r} \leq e$ 时，$X=1$，$Y=0$;	$P_{or} = 0.6F_r + 0.5F_a$
0.17	0.34	1.31	当 $\frac{F_a}{F_r} > e$ 时，$X=0.56$	取上面两式计算结果的较大值
0.28	0.38	1.15		
0.42	0.42	1.04		
0.56	0.44	1.00		

续表一

基本尺寸/mm				基本额定载荷/kN		极限转速/(r/min)		轴承代号	安装尺寸/mm		
d	D	B	r_{min}	C_r	C_{or}	脂润滑	油润滑	60000 型	$d_{a\,min}$	$D_{a\,max}$	$r_{a\,max}$
10	26	8	0.3	4.58	1.98	22000	30000	6000	12.4	23.6	0.3
	30	9	0.6	5.10	2.38	20000	26000	6200	15.0	26	0.6
	35	11	0.6	7.65	3.48	18000	24000	6300	15.0	30.0	0.6
12	28	8	0.3	5.10	2.38	20000	26000	6001	14.4	25.6	0.3
	32	10	0.6	6.28	3.05	19000	24000	6201	17.0	28	0.6
	37	12	1	9.72	5.08	17000	22000	6301	18.0	32	1
15	32	9	0.3	5.58	2.85	19000	24000	6002	17.4	29.6	0.3
	35	11	0.6	7.65	3.72	18000	22000	6202	20.0	32	0.6
	42	13	1	11.5	5.42	16000	20000	6302	21.0	37	1
17	35	10	0.3	6.00	3.25	17000	21000	6003	19.4	32.6	0.3
	40	12	0.6	9.58	4.78	16000	20000	6203	22.0	36	0.6
	47	14	1	13.5	6.58	15000	18000	6303	23.0	41.0	1
	62	17	1.1	22.7	10.8	11000	15000	6403	24.0	55.0	1.1
20	42	12	0.6	9.38	5.02	16000	19000	6004	25.0	38	0.6
	47	14	1	12.8	6.65	14000	18000	6204	26.0	42	1
	52	15	1.1	15.8	7.88	11000	16000	6304	27.0	45.0	1.1
	72	19	1.1	31.0	15.2	9500	13000	6404	27.0	65.0	1.1
25	47	12	0.6	10.0	5.85	13000	17000	6005	30	43	0.6
	52	15	1	14.0	7.88	12000	15000	6205	31	47	1
	62	19	1.1	22.2	11.5	11000	14000	6305	32	55	1.1
	80	21	1.5	38.2	19.2	9500	11000	6405	34	71	1.5
30	55	13	1	13.2	8.30	11000	14000	6006	36	50.0	1
	62	16	1	19.5	11.5	9500	13000	6206	36	56	1
	72	19	1.1	27.0	15.2	9000	11000	6306	37	65	1.1
	90	21	1.5	47.5	24.5	8000	10000	6406	39	81	1.5
35	62	14	1	16.2	10.5	9500	12000	6007	41	56	1
	72	17	1.1	25.5	15.2	8500	11000	6207	42	65	1.1
	80	21	1.5	33.4	19.2	8000	9500	6307	44	71	1.5
	100	25	1.5	56.8	29.5	6700	8500	6407	44	91	1.5
40	68	15	1	17.0	11.8	9000	11000	6008	46	62	1
	80	18	1.1	29.5	18.0	8000	10000	6208	47	73	1.1
	90	23	1.5	40.8	24.0	7000	8500	6308	49	81	1.5
	110	27	2	65.5	37.5	6300	8000	6408	50	100	2
45	75	16	1	21.0	14.8	8000	10000	6009	51	69	1
	85	19	1.1	31.5	20.5	7000	9000	6209	52	78	1.1
	100	26	1.5	53.8	31.8	6300	7500	6309	54	91	1.5
	120	29	2	77.5	45.5	5600	7000	6409	55	110	2

基本尺寸 /mm				基本额定载荷 /kN		极限转速 /(r/min)		轴承 代号	安装尺寸/mm		
d	D	B	r_{min}	C_r	C_{or}	脂润滑	油润滑	60000 型	$d_{a\,min}$	$D_{a\,max}$	$r_{a\,max}$
50	80	16	1	22.0	16.2	7000	9500	6010	56	74	1
	90	20	1.1	35.0	23.2	6700	8000	6210	57	83	1.1
	110	27	2	61.8	38.0	6000	7000	6310	60	100	2
	130	31	2.1	92.2	55.2	5300	6300	6410	62	118	2
55	90	18	1.1	30.2	21.8	7000	8500	6011	62	83	1.1
	100	21	1.5	43.2	29.2	6000	7500	6211	64	91	1.5
	120	29	2	71.5	44.8	5600	6700	6311	65	110	2
	140	33	2.1	100	62.5	4800	6000	6411	67	128	2
60	95	18	1.1	31.5	24.2	6300	7500	6012	67	89	1.1
	110	22	1.5	47.8	32.8	5600	7000	6212	69	101	1.5
	130	31	2.1	81.8	51.8	5000	6000	6312	72	118	2
	150	35	2.1	109	70.0	4500	5600	6412	72	138	2
65	100	18	1.1	32.0	24.8	6000	7000	6013	72	93	1.1
	120	23	1.5	57.2	40.0	5000	6300	6213	74	111	1.5
	140	33	2.1	93.8	60.5	4500	5300	6313	77	128	2
	160	37	2.1	118	78.5	4300	5300	6413	77	148	2
70	110	20	1.1	38.5	30.5	5600	6700	6014	77	103	1.1
	125	24	1.5	60.8	45.0	4800	6000	6214	79	116	1.5
	150	35	2.1	105	68.0	4300	5000	6314	82	138	2
	180	42	3	140	99.5	3800	4500	6414	84	166	2.5
75	115	20	1.1	40.2	33.2	5300	6300	6015	82	108	1.1
	130	25	1.5	66.0	49.5	4500	5600	6215	84	121	1.5
	160	37	2.1	113	76.8	4000	4800	6315	87	148	2
	190	45	3	154	115	3600	4300	6415	89	176	2.5
80	125	22	1.1	47.5	39.8	5000	6000	6016	87	118	1.1
	140	26	2	71.5	54.2	4300	5300	6216	90	130	2
	170	39	2.1	123	86.5	3800	4500	6316	92	158	2
	200	48	3	163	125	3400	4000	6416	94	186	2.5
85	130	22	1.1	50.8	42.8	4500	5600	6017	92	123	1.1
	150	28	2	83.2	63.8	4000	5000	6217	95	140	2
	180	41	3	132	96.5	3600	4300	6217	99	166	2.5
	210	52	4	175	138	3200	3800	6417	103	192	3
90	140	24	1.5	58.0	49.8	4300	5300	6018	99	131	1.5
	160	30	2	95.8	71.5	3800	4800	6218	100	150	2
	190	43	3	145	108	3400	4000	6318	104	176	2.5
	225	54	4	192	158	2800	3600	6418	108	207	3

注：F_a 为轴向载荷，F_r 为径向载荷，P_r 为径向当量动载荷，P_{or} 为径向当量静载荷，C_{or} 为径向基本
额定静载荷，e 为判断系数，r 为轴向动载荷系数。

(2) 角接触球轴承的结构与相关参数见表 8-17。

表 8-17 角接触球轴承的结构与相关参数(GB/T 292—2007)

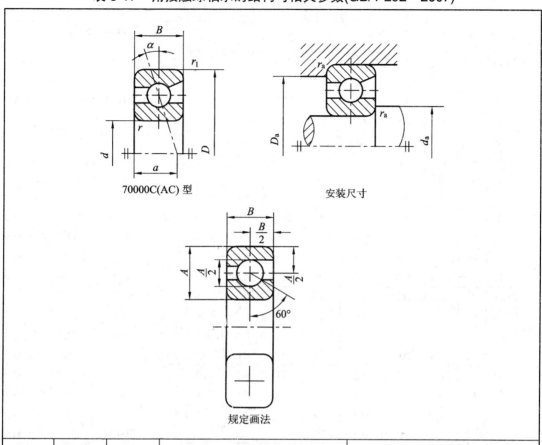

70000C(AC) 型 安装尺寸

规定画法

iF_a/C_{or}	e	Y	70000C 型	70000AC 型
0.015	0.38	1.47	径向当量动载荷	径向当量动载荷
0.029	0.40	1.40	当 $\dfrac{F_a}{F_r} \leqslant e$ 时, $P_r = F_r$;	当 $\dfrac{F_a}{F_r} \leqslant 0.68$ 时, $P_r = F_r$;
0.058	0.43	1.30	当 $\dfrac{F_a}{F_r} > e$ 时, $P_r = 0.44F_r + YF_a$	当 $\dfrac{F_a}{F_r} > 0.68$ 时, $P_r = 0.41F_r + 0.87F_a$
0.087	0.46	1.23		
0.12	0.47	1.19		
0.17	0.50	1.12	径向当量静载荷	径向当量静载荷
0.29	0.55	1.02	$P_{or} = 0.5F_r + 0.46F_a$	$P_{or} = 0.5F_r + 0.38F_a$
0.44	0.56	1.00	当 $P_{or} < F_r$ 时, 取 $P_{or} = F_r$	当 $P_{or} < F_r$ 时, 取 $P_{or} = F_r$
0.58	0.56	1.00		

基本尺寸/mm						安装尺寸/mm			基本额定载荷/kN		轴承代号	极限转速/(r/min)	
d	D	B	a	r_{min}	$r_{1\,min}$	$d_{a\,min}$	$D_{a\,max}$	$r_{a\,max}$	C_r	C_{or}	70000C (AC)型	脂润滑	油润滑
10	26	8	6.4	0.3	0.1	12.4	23.6	0.3	4.92	2.25	7000C	19000	28000
	26	8	8.2	0.3	0.1	12.4	23.6	0.3	4.75	2.12	7000AC	19000	28000
	30	9	7.2	0.6	0.3	15	25	0.6	5.82	2.95	7200C	18000	26000
	30	9	9.2	0.6	0.3	15	25	0.6	5.58	2.82	7200AC	18000	26000
12	28	8	6.7	0.3	0.1	14.4	25.6	0.3	5.42	2.65	7001C	18000	26000
	28	8	8.7	0.3	0.1	14.4	25.6	0.3	5.20	2.55	7001AC	18000	26000
	32	10	8	0.6	0.3	17	27	0.6	7.35	3.52	7201C	17000	24000
	32	10	10.2	0.6	0.3	17	27	0.6	7.10	3.35	7201AC	17000	24000
15	32	9	7.6	0.3	0.1	17.4	29.6	0.3	6.25	3.42	7002C	17000	24000
	32	9	10	0.3	0.1	17.4	29.6	0.3	5.95	3.25	7002AC	17000	24000
	35	11	8.9	0.6	0.3	20	30	0.6	8.68	4.62	7202C	16000	22000
	35	11	11.4	0.6	0.3	20	30	0.6	8.35	4.40	7202AC	16000	22000
17	35	10	8.5	0.3	0.1	19.4	32.6	0.3	6.60	3.85	7003C	16000	22000
	35	10	11.1	0.3	0.1	19.4	32.6	0.3	6.30	3.68	7003AC	16000	22000
	40	12	9.9	0.6	0.3	22	35	0.6	10.8	5.95	7203C	15000	20000
	40	12	12.8	0.6	0.3	22	35	0.6	10.5	5.65	7203AC	15000	20000
20	42	12	10.2	0.6	0.3	25	37	0.6	10.5	6.08	7004C	14000	19000
	42	12	13.2	0.6	0.3	25	37	0.6	10.0	5.73	7004AC	14000	19000
	47	14	11.5	1	0.3	26	41	1.1	14.5	8.22	7204C	13000	18000
	47	14	14.9	1	0.3	26	41	1.1	14.0	7.82	7204AC	13000	18000
25	47	12	10.8	0.6	0.3	30	42	0.6	11.5	7.45	7005C	12000	17000
	47	12	14.4	0.6	0.3	30	42	0.6	11.2	7.08	7005AC	12000	17000
	52	15	12.7	1	0.3	31	46	1	16.5	10.5	7205C	11000	16000
	52	15	16.4	1	0.3	31	46	1	15.8	9.88	7205AC	11000	16000
30	55	13	12.2	1	0.3	36	49	1	15.2	10.2	7006C	9500	14000
	55	13	16.4	1	0.3	36	49	1	14.5	9.85	7006AC	9500	14000
	62	16	14.2	1	0.3	36	56	1	23.0	15.0	7206C	9000	13000
	62	16	18.7	1	0.3	36	56	1	22.0	14.2	7206AC	9000	13000
35	62	14	13.5	1	0.3	41	56	1	19.5	14.2	7007C	8500	12000
	62	14	18.3	1	0.3	41	56	1	18.5	13.5	7007AC	8500	12000
	72	17	15.7	1.1	0.3	42	65	1.1	30.5	20.0	7207C	8000	11000
	72	17	21	1.1	0.3	42	65	1.1	29.0	19.2	7207AC	8000	11000
40	68	15	14.7	1	0.3	46	62	1	20.0	15.2	7008C	8000	11000
	68	15	20.1	1	0.3	46	62	1	19.0	14.5	7008AC	8000	11000
	80	18	17	1.1	0.6	47	73	1.1	36.8	25.8	7208C	7500	10000
	80	18	23	1.1	0.6	47	73	1.1	35.2	24.5	7208AC	7500	10000

续表二

基本尺寸/mm						安装尺寸/mm			基本额定载荷 /kN		轴承代号	极限转速/(r/min)	
d	D	B	a	r_{min}	$r_{1\,min}$	$d_{a\,min}$	$D_{a\,max}$	$r_{a\,max}$	C_r	C_{or}	70000C (AC)型	脂润滑	油润滑
45	75	16	16	1	0.3	51	69	1	25.8	20.5	7009C	7500	10000
	75	16	21.9	1	0.3	51	69	1	25.8	19.5	7009AC	7500	10000
	85	19	18.2	1.1	0.6	52	78	1.1	38.5	28.5	7209C	6700	9000
	85	19	24.7	1.1	0.6	52	78	1.1	36.8	27.2	7209AC	6700	9000
50	80	16	16.7	1	0.3	56	74	1	26.5	22.0	7010C	6700	9000
	80	16	23.2	1	0.3	56	74	1	25.2	21.0	7010AC	6700	9000
	90	20	19.4	1.1	0.6	57	83	1.1	42.8	32.0	7210C	6300	8500
	90	20	26.3	1.1	0.6	57	83	1.1	40.8	30.5	7210AC	6300	8500
55	90	18	18.7	1.1	0.6	62	83	1.1	37.2	30.5	7011C	6000	8000
	90	18	25.9	1.1	0.6	62	83	1.1	35.2	29.2	7011AC	6000	8000
	100	21	20.9	1.5	0.6	64	91	1.5	52.8	40.5	7211C	5600	7500
	100	21	28.6	1.5	0.6	64	91	1.5	50.5	38.5	7211AC	5600	7500
60	95	18	19.4	1.1	0.6	67	88	1.1	38.2	32.8	7012C	5600	7500
	95	18	27.1	1.1	0.6	67	88	1.1	36.2	31.5	7012AC	5600	7500
	110	22	22.4	1.5	0.6	69	101	1.5	61.0	48.5	7212C	5300	7000
	110	22	30.8	1.5	0.6	69	101	1.5	58.2	46.2	7212AC	5300	7000
65	100	18	20.1	1.1	0.6	72	93	1.1	40.0	35.5	7013C	5300	7000
	100	18	28.2	1.1	0.6	72	93	1.1	38.0	33.8	7013AC	5300	7000
	120	23	24.2	1.5	0.6	74	111	1.5	69.8	55.2	7213C	4800	6300
	120	23	33.5	1.5	0.6	74	111	1.5	66.5	52.5	7213AC	4800	6300
70	110	20	22.1	1.1	0.6	77	103	1.1	48.2	43.5	7014C	5000	6700
	110	20	30.9	1.1	0.6	77	103	1.1	45.8	41.5	7014AC	5000	6700
	125	24	25.3	1.5	0.6	79	116	1.5	70.2	60.0	7214C	4500	6000
	125	24	35.1	1.5	0.6	79	116	1.5	69.2	57.5	7214AC	4500	6000
75	115	20	22.7	1.1	0.6	82	108	1.1	49.5	46.5	7015C	4800	6300
	115	20	32.2	1.1	0.6	82	108	1.1	46.8	44.2	7015AC	4800	6300
	130	25	26.4	1.5	0.6	84	121	1.5	79.2	65.8	7215C	4300	5600
	130	25	36.6	1.5	0.6	84	121	1.5	75.2	63.0	7215AC	4300	5600
80	125	22	24.7	1.1	0.6	87	118	1.1	58.5	55.8	7016C	4500	6000
	125	22	34.9	1.1	0.6	87	118	1.1	55.5	53.2	7016AC	4500	6000
	140	26	27.7	2	1	90	130	2	89.5	78.2	7216C	4000	5300
	140	26	38.9	2	1	90	130	2	85.0	74.5	7216AC	4000	5300
85	130	22	25.4	1.1	0.6	92	123	1.1	62.5	60.2	7017C	4300	5600
	130	22	36.1	1.1	0.6	92	123	1.1	59.2	57.2	7017AC	4300	5600
	150	28	29.9	2	1	95	140	2	99.8	85.0	7217C	3800	5000
	150	28	41.6	2	1	95	140	2	94.8	81.5	7217AC	3800	5000

注：i 为轴承中滚动体的列数，对单列轴承，$i=1$。

(3) 向心轴承与轴和轴承座孔的配合及其相应公差带见表 8-18 和表 8-19，轴和轴承座孔的几何公差见表 8-20，轴和轴承座孔与轴承配合表面的粗糙度见表 8-21。

表 8-18 向心轴承和轴的配合及轴公差带(摘自 GB/T 275—2015)

运转状态		载荷状态	深沟球轴承、调心球轴承和角接触球轴承	圆柱滚子轴承和圆锥滚子轴承	调心滚子轴承	公差带
说明	举例		轴承公称内径/mm			
内圈承受旋转载荷或方向不定载荷	输送机、轻载齿轮箱	轻载	≤18	—	—	h5
			>18~100	≤40	≤40	j6
			>100~200	>40~140	>40~100	k6
			—	>140~200	>100~200	m6
	一般通用机械、电动机、泵、内燃机、正齿轮传动装置	正常载荷	≤18	—	—	j5, js5
			>18~100	≤40	≤40	k5
			>100~140	>40~100	>40~65	m5
			>140~200	>100~140	>65~100	m6
			>200~280	>140~200	>100~140	n6
	铁路机车车辆轴箱、牵引电机、破碎机等	重载	—	>50~140	>50~100	n6
				>140~200	>100~140	p6
内圈承受固定载荷	非旋转轴上的各种轮子	所有载荷	所有尺寸			f6 g6
	张紧轮、绳轮					h6 j6
仅有轴向载荷			所有尺寸			j6, js6

注: (1) 该表适用于圆柱孔轴承。

(2) 轻载指 $P_r/C_r \leqslant 0.07$；正常载荷指 $P_r/C_r > 0.07 \sim 0.15$；重载指 $P_r/C_r > 0.15$。

(3) 凡对精度有较高要求的场合，应用 j5, k5, …代替 j6, k6, …。

(4) 圆锥滚子轴承、角接触球轴承配合对游隙影响不大，可用 k6, m6 代替 k5, m5。

(5) 重载下轴承游隙应选大于 0 组。

表 8-19 向心轴承和轴承座孔的配合及孔公差带(摘自 GB/T 275—2015)

运转状态		载荷状态	其他状况	公差带[1]	
说明	举例			球轴承	滚子轴承
外圈承受固定载荷	一般机械、铁路机车车辆轴箱	轻、正常、重	轴向易移动，可采用剖分式轴承座	H7, G7[2]	
		冲击	轴向能移动，可用整体或剖分式轴承座	J7, Js7	
方向不定载荷	电动机、泵、曲轴主轴承	轻、正常		J7, Js7	
		正常、重		K7	
	牵引电机	冲击		M7	
外圈承受旋转载荷	皮带张紧轮	轻	轴向不移动，采用整体式轴承座	J7	K7
	轮毂轴承	正常		M7	N7
		重		—	N7, P7

注: (1) 并列公差带随尺寸的增大从左至右选择，对旋转精度有较高要求时，可相应提高一个公差等级。

(2) 不适用于剖分式外壳。

表 8-20 轴和轴承座孔的几何公差(摘自 GB/T 275—2015)

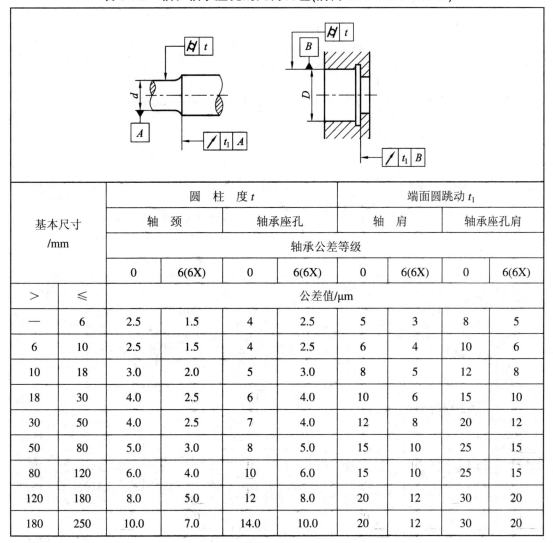

基本尺寸 /mm		圆 柱 度 t				端面圆跳动 t_1			
		轴 颈		轴承座孔		轴 肩		轴承座孔肩	
		轴承公差等级							
		0	6(6X)	0	6(6X)	0	6(6X)	0	6(6X)
>	≤	公差值/μm							
—	6	2.5	1.5	4	2.5	5	3	8	5
6	10	2.5	1.5	4	2.5	6	4	10	6
10	18	3.0	2.0	5	3.0	8	5	12	8
18	30	4.0	2.5	6	4.0	10	6	15	10
30	50	4.0	2.5	7	4.0	12	8	20	12
50	80	5.0	3.0	8	5.0	15	10	25	15
80	120	6.0	4.0	10	6.0	15	10	25	15
120	180	8.0	5.0	12	8.0	20	12	30	20
180	250	10.0	7.0	14.0	10.0	20	12	30	20

表 8-21 轴和轴承座孔与轴承配合表面的粗糙度(摘自 GB/T 275-2015)

轴或轴承座孔直径 /mm		轴或轴承座孔配合表面直径公差等级					
		IT7		IT6		IT5	
		表面粗糙度 Ra/μm					
>	≤	磨	车	磨	车	磨	车
—	80	1.6	3.2	0.8	1.6	0.4	0.8
80	500	1.6	3.2	1.6	3.2	0.8	1.6
500	1250	3.2	6.3	1.6	3.2	1.6	3.2
端面		3.2	6.3	6.3	6.3	6.3	3.2

8.6 连　　接

(1) 普通螺纹的基本尺寸见表 8-22。

表 8-22　普通螺纹基本尺寸(摘自 GB/T 196—2003)　　　mm

标记示例:

M20，表示公称直径 $D = 20$ mm 的粗牙普通螺纹，螺距为 2.5 mm;

M20×2，表示公称直径 $D = 20$ mm 的细牙普通螺纹，螺距为 2 mm

公称直径 D,d 第一系列	第二系列	螺距 P 粗牙	细牙	中径 D_2,d_2	小径 D_1,d_1
3		0.5		2.675	2.459
			0.35	2.773	2.621
	3.5	0.6		3.110	2.850
			0.35	3.273	3.121
4		0.7		3.545	3.242
			0.5	3.675	3.549
	4.5	0.75		4.013	3.688
			0.5	4.175	3.959
5		0.8		4.480	4.134
			0.5	4.675	4.459
6		1		5.350	4.917
			0.75	5.513	5.188
	7	1		6.350	5.917
			0.75	6.513	6.188
8		1.25		7.188	6.647
			1	7.350	6.917
			0.75	7.513	7.188
10		1.5		9.026	8.376
			1.25	9.188	8.647
			1	9.350	8.917
			0.75	9.513	9.188

公称直径 D,d 第一系列	第二系列	螺距 P 粗牙	细牙	中径 D_2,d_2	小径 D_1,d_1
12		1.75		10.863	10.106
			1.5	11.026	10.376
			1.25	11.188	10.647
			1	11.350	10.917
	14	2		12.701	11.835
			1.5	13.026	12.376
			(1.25)	13.188	12.647
			1	13.350	12.917
16		2		14.701	13.835
			1.5	15.026	14.376
			1	15.350	14.917
	18	2.5		16.376	15.294
			2	16.701	15.835
			1.5	17.026	16.376
			1	17.350	16.917
20		2.5		18.376	17.294
			2	18.701	17.835
			1.5	19.026	18.376
			1	19.350	18.917
	22	2.5		20.376	19.294
			2	20.701	19.838
			1.5	21.026	20.376
			1	21.350	20.917

公称直径 D,d 第一系列	第二系列	螺距 P 粗牙	细牙	中径 D_2,d_2	小径 D_1,d_1
24		3		22.051	20.752
			2	22.701	21.835
			1.5	23.026	22.376
			1	23.350	22.917
	27	3		25.051	23.752
			2	25.701	24.835
			1.5	26.026	25.376
			1	26.350	25.917
30		3.5		27.727	26.211
			(3)	28.051	26.752
			2	28.701	27.835
			1.5	29.026	28.376
			1	29.350	28.917
	33	3.5		30.727	29.211
			(3)	31.051	29.752
			2	31.701	30.835
			1.5	32.026	31.376
36		4		33.402	31.670
			3	34.051	32.752
			2	34.701	33.835
			1.5	35.026	34.376

注:(1) 优先选用第一系列，其次选用第二系列，表中未列出的第三系列尽量不用。

　　(2) 括号内的尺寸尽量不用。

(2) 螺纹零件的结构要素及相应尺寸见表 8-23 和表 8-24，地脚螺栓孔和凸缘的结构和尺寸见表 8-25，普通螺纹的余留长度、钻孔余留深度见表 8-26。

表 8-23 普通外螺纹收尾、肩距、退刀槽和倒角的结构及尺寸

(摘自 GB/T 3—1997)   mm

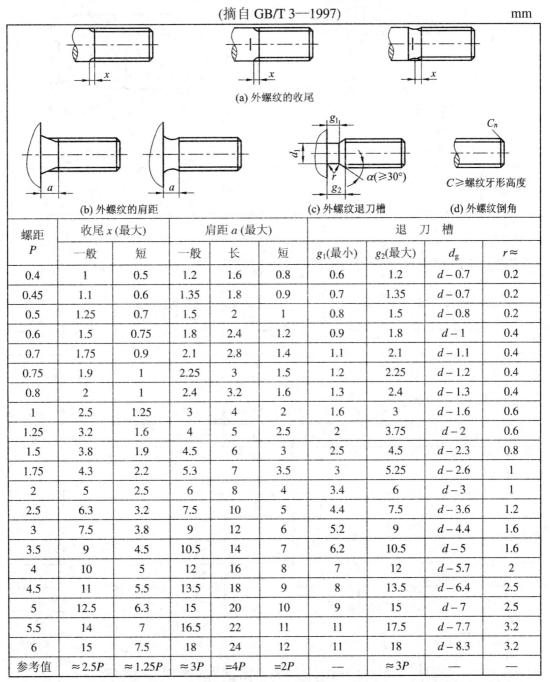

螺距 P	收尾 x (最大)		肩距 a (最大)			退 刀 槽			
	一般	短	一般	长	短	g_1(最小)	g_2(最大)	d_g	$r \approx$
0.4	1	0.5	1.2	1.6	0.8	0.6	1.2	$d-0.7$	0.2
0.45	1.1	0.6	1.35	1.8	0.9	0.7	1.35	$d-0.7$	0.2
0.5	1.25	0.7	1.5	2	1	0.8	1.5	$d-0.8$	0.2
0.6	1.5	0.75	1.8	2.4	1.2	0.9	1.8	$d-1$	0.4
0.7	1.75	0.9	2.1	2.8	1.4	1.1	2.1	$d-1.1$	0.4
0.75	1.9	1	2.25	3	1.5	1.2	2.25	$d-1.2$	0.4
0.8	2	1	2.4	3.2	1.6	1.3	2.4	$d-1.3$	0.4
1	2.5	1.25	3	4	2	1.6	3	$d-1.6$	0.6
1.25	3.2	1.6	4	5	2.5	2	3.75	$d-2$	0.6
1.5	3.8	1.9	4.5	6	3	2.5	4.5	$d-2.3$	0.8
1.75	4.3	2.2	5.3	7	3.5	3	5.25	$d-2.6$	1
2	5	2.5	6	8	4	3.4	6	$d-3$	1
2.5	6.3	3.2	7.5	10	5	4.4	7.5	$d-3.6$	1.2
3	7.5	3.8	9	12	6	5.2	9	$d-4.4$	1.6
3.5	9	4.5	10.5	14	7	6.2	10.5	$d-5$	1.6
4	10	5	12	16	8	7	12	$d-5.7$	2
4.5	11	5.5	13.5	18	9	8	13.5	$d-6.4$	2.5
5	12.5	6.3	15	20	10	9	15	$d-7$	2.5
5.5	14	7	16.5	22	11	11	17.5	$d-7.7$	3.2
6	15	7.5	18	24	12	11	18	$d-8.3$	3.2
参考值	$\approx 2.5P$	$\approx 1.25P$	$\approx 3P$	$=4P$	$=2P$	—	$\approx 3P$	—	—

注：(1) 应优先选用"一般"长度的收尾和肩距；"短"收尾和"短"肩距仅用于结构受限制的螺纹件；产品等级为 B 或 C 级的螺纹，紧固件可采用"长"肩距。

(2) d 为螺纹公称直径(大径)代号。

表 8-24　普通内螺纹收尾、肩距、退刀槽和倒角的结构及尺寸

(摘自 GB/T 3—1997)　　　　　　　mm

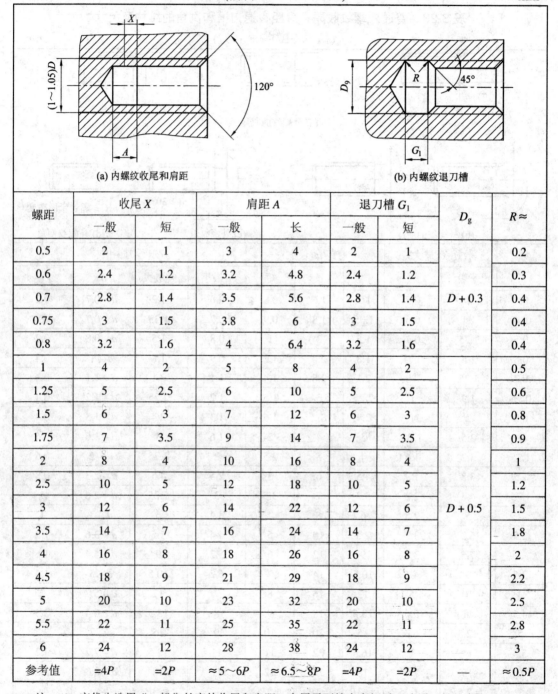

(a) 内螺纹收尾和肩距　　　　　　　　(b) 内螺纹退刀槽

螺距	收尾 X		肩距 A		退刀槽 G_1		D_g	$R \approx$
	一般	短	一般	长	一般	短		
0.5	2	1	3	4	2	1		0.2
0.6	2.4	1.2	3.2	4.8	2.4	1.2		0.3
0.7	2.8	1.4	3.5	5.6	2.8	1.4	$D + 0.3$	0.4
0.75	3	1.5	3.8	6	3	1.5		0.4
0.8	3.2	1.6	4	6.4	3.2	1.6		0.4
1	4	2	5	8	4	2		0.5
1.25	5	2.5	6	10	5	2.5		0.6
1.5	6	3	7	12	6	3		0.8
1.75	7	3.5	9	14	7	3.5		0.9
2	8	4	10	16	8	4		1
2.5	10	5	12	18	10	5		1.2
3	12	6	14	22	12	6	$D + 0.5$	1.5
3.5	14	7	16	24	14	7		1.8
4	16	8	18	26	16	8		2
4.5	18	9	21	29	18	9		2.2
5	20	10	23	32	20	10		2.5
5.5	22	11	25	35	22	11		2.8
6	24	12	28	38	24	12		3
参考值	$=4P$	$=2P$	$\approx 5 \sim 6P$	$\approx 6.5 \sim 8P$	$=4P$	$=2P$	—	$\approx 0.5P$

注：(1) 应优先选用"一般"长度的收尾和肩距；容屑需要较大空间时可选用"长"肩距。

　　(2) "短"退刀槽仅在结构受限制时采用。

　　(3) D_g 公差是 H13。

　　(4) D 为螺纹公称直径代号。

表 8-25　地脚螺栓孔和凸缘的结构和尺寸　　　　　　　mm

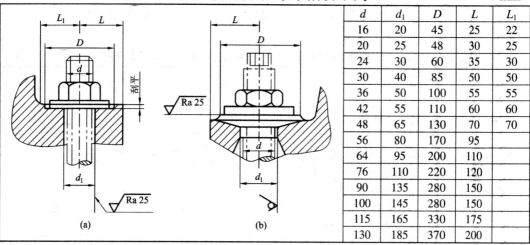

d	d_1	D	L	L_1
16	20	45	25	22
20	25	48	30	25
24	30	60	35	30
30	40	85	50	50
36	50	100	55	55
42	55	110	60	60
48	65	130	70	70
56	80	170	95	
64	95	200	110	
76	110	220	120	
90	135	280	150	
100	145	280	150	
115	165	330	175	
130	185	370	200	

注：(1) 根据工艺结构和工艺性要求，必要时尺寸 L 及 L_1 可以变动。

　　(2) 图(a)所示螺纹孔采用钻孔，图(b)所示螺纹孔采用铸孔。

表 8-26　普通螺纹的余留长度、钻孔余留深度(摘自 JB/ZQ 4247—2006)　　mm

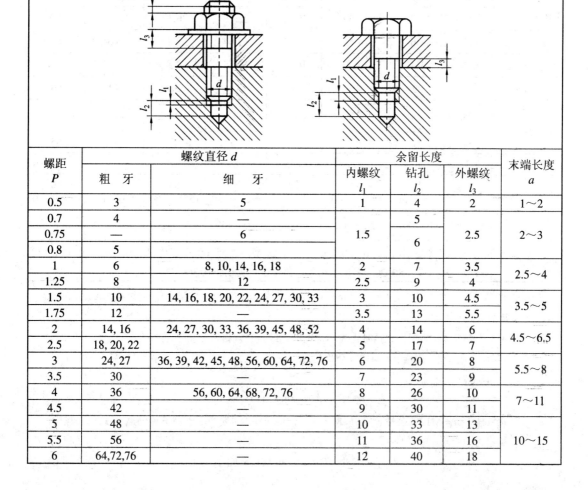

螺距 P	螺纹直径 d		余留长度			末端长度 a
	粗　牙	细　牙	内螺纹 l_1	钻孔 l_2	外螺纹 l_3	
0.5	3	5	1	4	2	1～2
0.7	4	—		5		2～3
0.75	—	6	1.5	6	2.5	
0.8	5					
1	6	8, 10, 14, 16, 18	2	7	3.5	2.5～4
1.25	8	12	2.5	9	4	
1.5	10	14, 16, 18, 20, 22, 24, 27, 30, 33	3	10	4.5	3.5～5
1.75	12		3.5	13	5.5	
2	14, 16	24, 27, 30, 33, 36, 39, 45, 48, 52	4	14	6	4.5～6.5
2.5	18, 20, 22		5	17	7	
3	24, 27	36, 39, 42, 45, 48, 56, 60, 64, 72, 76	6	20	8	5.5～8
3.5	30	—	7	23	9	
4	36	56, 60, 64, 68, 72, 76	8	26	10	7～11
4.5	42	—	9	30	11	
5	48		10	33	13	10～15
5.5	56		11	36	16	
6	64,72,76		12	40	18	

(3) 螺纹连接标准件的结构和尺寸。表 8-27 为六角头螺栓的结构和尺寸，开槽盘头螺钉的结构和尺寸见表 8-28，I 形六角螺母的结构和尺寸见表 8-29，标准型弹簧垫圈、轻型弹簧垫圈的结构和尺寸见表 8-30。

表 8-27　六角头螺栓的结构和尺寸—A 和 B 级(摘自 GB/T 5782—2016)　　mm

螺纹规格 d		M6	M8	M10	M12	(M14)	M16	(M18)	M20
s (公称)		10	13	16	18	21	24	27	30
k (公称)		4	5.3	6.4	7.5	8.8	10	11.5	12.5
r (公称)		0.25	0.4	0.4	0.6	0.6	0.6	0.6	0.8
e (最小)	A	11.05	14.38	17.77	20.03	23.36	26.75	30.14	33.53
	B	10.89	14.20	17.59	19.85	22.78	26.17	29.56	32.95
d_w (最小)	A	8.88	11.63	14.63	16.63	19.64	22.49	25.34	28.19
	B	8.74	11.47	14.47	16.47	19.15	22	24.85	27.7
b (参考)	$l \leqslant 125$	18	22	26	30	34	38	42	46
	$125 < l \leqslant 200$	24	28	32	36	40	44	48	52
	$l > 200$	37	41	45	49	53	57	61	65
a_{max}		3	4	4.5	5.25	6	6	7.5	7.5
l		30~60	40 (35)~80	45 (40)~100	50 (45)~120	60 (50)~140	65 (55)~160	70 (60)~180	80 (65)~200
全螺纹长度 l		12~60	16~80	20~100	25~120	30~140	30~150	35~150	40~150
l 系列		2, 3, 4, 5, 6, 8, 10, 12, 16, 20, 25, 30, 35, 40, 45, 50, 55, 60, 65, 70, 80, 90, 100, 110, 120, 130, 140, 150, 160, 180, 200, 220, 240, 260, 280, 300, 320, 340, 360							

注：(1) 产品等级 A 级用于 $d = 1.6$~2.4 mm 和 $l \leqslant 10d$ 或 $l \leqslant 150$ mm (按最小值)的螺栓，A 级精度较 B 级高。

(2) M3~M36 为商品规格。括号内为非优选的螺纹直径规格，尽量不采用。

(3) 标注示例：螺纹规格 $d = M12$、公称长度 $l = 80$ mm、性能等级为 8.8 级、表面氧化的 A 级六角头螺栓，标记为

　　　　　　　螺栓　GB/T 5782 M12×80

螺纹规格 $d = M12$、公称长度 $l = 80$ mm、性能等级为 4.8 级、表面氧化的 A 级六角头螺栓，标记为

　　　　　　　螺栓　GB/T 5783 M12×80

表 8-28　开槽盘头螺钉的结构和尺寸(摘自 GB/T 67—2016)　　　mm

开槽盘头螺钉

螺纹规格 d	M1.6	M2	M2.5	M3	M4	M5	M6	M8	M10
a(最大)	0.7	0.8	0.9	1	1.4	1.6	2	2.5	3
b(最小)	25	25	25	25	38	38	38	38	38
n(公称)	0.4	0.5	0.6	0.8	1.2	1.2	1.6	2	2.5
x(最大)	0.9	1	1.1	1.25	1.75	2	2.5	3.2	3.8
d_k (最大)	3.2	4	5	5.6	8	9.5	12	16	20
k(最大)	1	1.3	1.5	1.8	2.4	3	3.6	4.8	6
t(最小)	0.35	0.5	0.6	0.7	1	1.2	1.4	1.9	2.4
d_a(最大)	2	2.6	3.1	3.6	4.7	5.7	6.8	9.2	11.2
r(最小)	0.1	0.1	0.1	0.1	0.2	0.2	0.25	0.4	0.4
r_8(参考)	0.5	0.6	0.8	0.9	1.2	1.5	1.8	2.4	3
w(最小)	0.3	0.4	0.5	0.7	1	1.2	1.4	1.9	2.4
商品规格长度 l	2～16	2.5～20	3～25	4～30	5～40	6～50	8～60	10～80	12～80
全螺纹长度 l	2～30	2.5～30	3～30	4～30	5～40	6～40	8～40	10～40	12～40

技术条件	材料	钢	不锈钢		有色金属		螺纹公差: 6g	产品等级: A
	性能等级	4.8、5.8	A2-50、A2-70		CU2、CU3、AL4			
	表面处理	不经处理	简单处理		简单处理			

表 8-29　Ⅰ形六角螺母的结构和尺寸

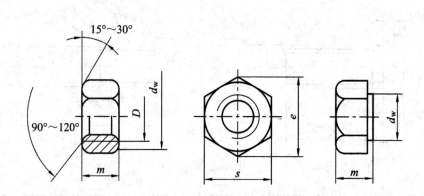

标记示例:

螺纹规格 D = M12、性能等级为 8 级、不经表面处理的 A 级Ⅰ形六角螺母标记为

螺母　GB/T 6170 M12

螺纹规格 D = M12、性能等级为 04 级、不经表面处理的 A 级Ⅰ形六角薄螺母标记为

螺母　GB/T 6172.1 M12

螺纹规格 d		M5	M6	M8	M10	M12	(M14)	M16	(M18)	M20
e (最小)		7.7	8.8	11	14.4	17.8	20	23.4	26.8	29.6
s (公称)		7	8	10	13	16	18	21	24	27
d_w (最小)		5.9	6.9	8.9	11.6	14.6	16.6	19.6	22.5	24.9
M (最大)	GB/T 6170	3.2	4.7	5.2	6.8	8.4	10.8	12.8	14.8	15.8
	GB/T 6172.1	2.2	2.7	3.2	4	5	6	7	8	9
每 1000 个 的质量 /kg	GB/T 6170	0.58	1.05	1.95	4.22	7.94	11.93	18.89	29	36.87
	GB/T 6172.1	0.39	0.58	1.15	2.43	4.64	6.56	10.03	15.26	20.56

技术条件	材料	性能等级		公差等级	表面处理	产品等级	
	钢	六角螺母 6, 8, 10		6H	不经处理	A 级用于 $D{\leqslant}$M16 的螺母	
		薄螺母 04, 05				B 级用于 $D{>}$M16 的螺母	

表 8-30　标准型弹簧垫圈(摘自 GB/T 93—1987)、轻型弹簧
垫圈(摘自 GB/T 859—1987)的结构和尺寸　　　　　mm

规格 (螺纹大径)	d (最小)	GB/T 93—1987			GB/T 859—1987			
		S(b) (公称)	H (最大)	m≤	S (公称)	b (公称)	H (最大)	m≤
2	2.1	0.5	1.25	0.25	—	—	—	—
2.5	2.6	0.65	1.63	0.33	—	—	—	—
3	3.1	0.8	2	0.4	0.6	1	1.5	0.3
4	4.1	1.1	2.75	0.55	0.8	1.2	2	0.4
5	5.1	1.3	3.25	0.65	1.1	1.5	2.75	0.55
6	6.1	1.6	4	0.8	1.3	2	3.25	0.65
8	8.1	2.1	5.25	1.05	1.6	2.5	4	0.8
10	10.2	2.6	6.5	1.3	2	3	5	1
12	12.2	3.1	7.75	1.55	2.5	3.5	6.25	1.25
(14)	14.2	3.6	9	1.8	3	4	7.5	1.5
16	16.2	4.1	10.25	2.05	3.2	4.5	8	1.6
(18)	18.2	4.5	11.25	2.25	3.6	5	9	1.8
20	20.2	5	12.5	2.5	4	5.5	10	2
(22)	22.5	5.5	13.75	2.75	4.5	6	11.25	2.25
24	24.5	6	15	3	5	7	12.5	2.5
(27)	27.5	6.8	17	3.4	5.5	8	13.75	2.75
30	30.5	7.5	18.75	3.75	6	9	15	3
(33)	33.5	8.5	21.25	4.25	—	—	—	—
36	36.5	9	22.5	4.5	—	—	—	—

注：(1) 尽可能不采用括号内的规格。

　　(2) 标记示例：规格为 16 mm、材料为 65Mn、表面氧化处理的标准型(或轻型)弹簧垫圈标记为

　　　　垫圈 GB/T 93 16(或垫圈 GB/T 859 16)

(4) 键连接和销连接的结构及尺寸。普通平键连接的结构和尺寸见表 8-31，圆柱销、圆锥销的结构和尺寸分别见表 8-32 和表 8-33。

表 8-31　普通平键连接的结构和尺寸(摘自 GB/T 1095—2003)　　　　　mm

轴的公称直径 d	键尺寸 $b \times h$	键 槽										
		宽 度 b						深 度				半径 r
		基本尺寸	极限偏差					轴 t		毂 t_1		
			正常连接		紧密	松连接		基本尺寸	极限偏差	基本尺寸	极限偏差	
			轴 N9	毂 JS9	轴毂 P9	轴 H9	毂 D10					最小　最大
6~8	2×2	2	−0.004 −0.029	±0.0125	−0.006 −0.031	+0.025 0	+0.060 +0.020	1.2	+0.10	1.0	+0.10	0.08　0.16
>8~10	3×3	3						1.8		1.4		
>10~12	4×4	4	0 −0.030	±0.015	−0.012 −0.042	+0.030 0	+0.078 +0.030	2.5		1.8		
>12~17	5×5	5						3.0		2.3		0.16　0.25
>17~22	6×6	6						3.5		2.8		
>22~30	8×7	8	0 −0.036	±0.018	−0.015 −0.051	+0.036 0	+0.098 +0.040	4.0		3.3		
>30~38	10×8	10						5.0		3.3		
>38~44	12×8	12	0 −0.043	±0.0215	−0.018 −0.061	+0.043 0	+0.12 +0.050	5.0	+0.20	3.3	+0.20	0.25　0.40
>44~50	14×9	14						5.5		3.8		
>50~58	16×10	16						6.0		4.3		
>58~65	18×11	18						7.0		4.4		
>65~75	20×12	20	0 −0.052	±0.026	−0.022 −0.074	+0.052 0	+0.149 +0.065	7.5		4.9		0.40　0.60
>75~85	22×14	22						9.0		5.4		
>85~95	25×14	25						9.0		5.4		
>95~110	28×16	28						10.0		6.4		
键的长度 L	6, 8, 10, 12, 14, 16, 18, 20, 22, 25, 28, 32, 36, 40, 45, 50, 56, 63, 70, 80, 90, 100, 110, 125, 140, 160, 180, 200, 220, 250, 280, 320, 360											

注：在工作图中，轴键槽深用 $d-t$ 标注，毂键槽深用 $d+t_1$ 标注。$d-t$ 和 $d+t_1$ 尺寸偏差按相应的 t 和 t_1 的偏差选取，但 $d-t$ 的偏差取负号。

表 8-32　圆柱销的结构和尺寸(摘自 GB/T 119.1—2000)　　　　mm

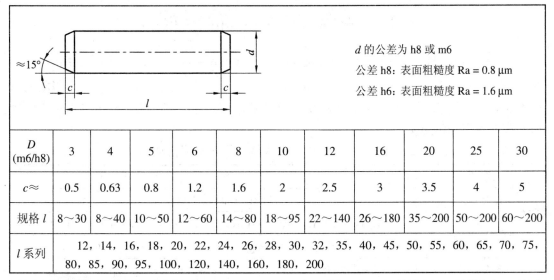

d 的公差为 h8 或 m6

公差 h8：表面粗糙度 Ra = 0.8 μm

公差 h6：表面粗糙度 Ra = 1.6 μm

D (m6/h8)	3	4	5	6	8	10	12	16	20	25	30
c≈	0.5	0.63	0.8	1.2	1.6	2	2.5	3	3.5	4	5
规格 l	8～30	8～40	10～50	12～60	14～80	18～95	22～140	26～180	35～200	50～200	60～200
l 系列	12，14，16，18，20，22，24，26，28，30，32，35，40，45，50，55，60，65，70，75，80，85，90，95，100，120，140，160，180，200										

注：标记示例，公称直径 d = 6 mm、公差为 m6、公称长度 l = 30 mm、材料为钢、不经淬火、不经表面处理的圆柱销，标记为

销 GB/T 119.1 6 m6×30

表 8-33　圆锥销的结构和尺寸(摘自 GB/T 117—2000)　　　　mm

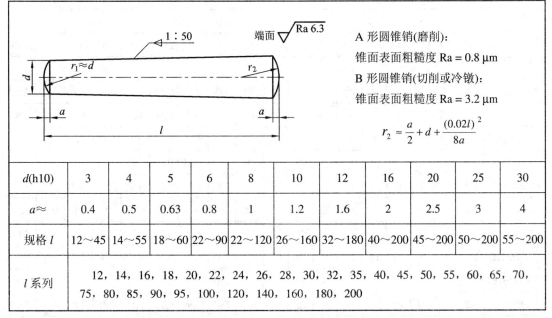

端面 ✓ Ra 6.3

A 形圆锥销(磨削)：

锥面表面粗糙度 Ra = 0.8 μm

B 形圆锥销(切削或冷镦)：

锥面表面粗糙度 Ra = 3.2 μm

$$r_2 \approx \frac{a}{2} + d + \frac{(0.02l)^2}{8a}$$

d(h10)	3	4	5	6	8	10	12	16	20	25	30
a≈	0.4	0.5	0.63	0.8	1	1.2	1.6	2	2.5	3	4
规格 l	12～45	14～55	18～60	22～90	22～120	26～160	32～180	40～200	45～200	50～200	55～200
l 系列	12，14，16，18，20，22，24，26，28，30，32，35，40，45，50，55，60，65，70，75，80，85，90，95，100，120，140，160，180，200										

注：标记示例，公称直径 d = 6 mm、公称长度 l = 30 mm、材料为 35 号钢、热处理硬度为 28～38 HRC、表面氧化处理的 A 形圆锥销，标记为

销 GB/T 117 6×30

8.7 公差、配合及表面粗糙度

(1) 极限与配合。标准公差、基本偏差的代号及配合的种类见表 8-34,公称尺寸的标准公差数值见表 8-35,孔的公差带和极限偏差见图 8-3 和表 8-36,轴的公差带和极限偏差见图 8-4 和表 8-37,轴的基本偏差的应用见表 8-38,基孔制、基轴制的优先、常用配合分别见表 8-39 和表 8-40。

表 8-34 标准公差、基本偏差代号及配合种类

名 称		代 号		
标准公差		IT1,IT2,…,IT18 共分 18 级		
基本偏差	孔	A,B,C,CD,D,E,EF,F,FG,G,H,J,JS,K,M,N,P,R,S,T,U,V,X,Y,Z,ZA,ZB,ZC		
	轴	a,b,c,cd,d,e,ef,f,fg,g,h,j,js,k,m,n,p,r,s,t,u,v,x,y,z,za,zb,zc		
配合种类	基孔制 H	基轴制 h		说 明
间隙配合	a,b,c,cd,d,e,ef,f,fg,g,h	A,B,C,CD,D,E,EF,F,FG,G,H		间隙依次渐小
过渡配合	j,js,k,m,n	J,JS,K,M,N		依次渐紧
过盈配合	p,r,s,t,u,v,x,y,z,za,zb,zc	P,R,S,T,U,V,X,Y,Z,ZA,ZB,ZC		依次渐紧

表 8-35 公称尺寸(0~500 mm)的标准公差数值(摘自 GB/T 1800.1—2009)

公称尺寸 /mm	标准公差等级																	
	IT1	IT2	IT3	IT4	IT5	IT6	IT7	IT8	IT9	IT10	IT11	IT12	IT13	IT14	IT15	IT16	IT17	IT18
	μm											mm						
≤3	0.8	1.2	2	3	4	6	10	14	25	40	60	0.10	0.14	0.25	0.4	0.6	1	1.4
>3~6	1	1.5	2.5	4	5	8	12	18	30	48	75	0.12	0.18	0.3	0.48	0.75	1.2	1.8
>6~10	1	1.5	2.5	4	6	9	15	22	36	58	90	0.15	0.22	0.36	0.58	0.9	1.5	2.2
>10~18	1.2	2	3	5	8	11	18	27	43	70	110	0.18	0.27	0.43	0.7	1.1	1.8	2.7
>18~30	1.5	2.5	4	6	9	13	21	33	52	84	130	0.21	0.33	0.52	0.84	1.3	2.1	3.3
>30~50	1.5	2.5	4	7	11	16	25	39	62	100	160	0.25	0.39	0.62	1	1.6	2.5	3.9
>50~80	2	3	5	8	13	19	30	46	74	120	190	0.3	0.46	0.74	1.2	1.9	3.0	4.6
>80~120	2.5	4	6	10	15	22	35	54	87	140	220	0.35	0.54	0.87	1.4	2.2	3.5	5.4
>120~180	3.5	5	8	12	18	25	40	63	100	160	250	0.4	0.63	1	1.6	2.5	4	6.3
>180~250	4.5	7	10	14	20	29	46	72	115	185	290	0.46	0.72	1.15	1.85	2.9	4.6	7.2
>250~315	6	8	12	16	23	32	52	81	130	210	320	0.52	0.81	1.3	2.1	3.2	5.2	8.1
>315~400	7	9	13	18	25	36	57	89	140	230	360	0.57	0.89	1.4	2.3	3.6	5.7	8.9
>400~500	8	10	15	20	27	40	63	97	155	250	400	0.63	0.97	1.55	2.5	4	6.3	9.7

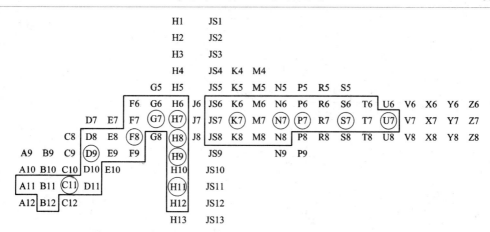

图 8-3　公称尺寸(0～200 mm)的孔常用、优先公差带(摘自 GB/T 1801—2009)

表 8-36　孔的极限偏差(摘自 GB/T 1800.2—2009)　　　　μm

公称尺寸 /mm	公差带/μm									
	C	D		E	F		G	H		
	11▲	9▲	11	9	8▲	9	7▲	6	7▲	8▲
～3	+120 +60	+45 +20	+80 +20	+39 +14	+20 +6	+31 +6	+12 +2	+6 0	+10 0	+14 0
>3～6	+145 +70	+60 +30	+105 +30	+50 +20	+28 +10	+40 +10	+16 +4	+8 0	+12 0	+18 0
>6～10	+170 +80	+76 +40	+130 +40	+61 +25	+35 +13	+49 +13	+20 +5	+9 0	+15 0	+22 0
>10～14	+205 +95	+93 +50	+160 +50	+75 +32	+43 +16	+59 +16	+24 +6	+11 0	+18 0	+27 0
>14～18										
>18～24	+240 +110	+117 +65	+195 +65	+92 +40	+53 +20	+72 +20	+28 +7	+13 0	+21 0	+33 0
>24～30										
>30～40	+280 +120	+142 +80	+240 +80	+112 +50	+64 +25	+87 +25	+34 +9	+16 0	+25 0	+39 0
>40～50	+290 +130									
>50～65	+330 +140	+174 +100	+290 +100	+134 +60	+76 +30	+104 +30	+40 +10	+19 0	+30 0	+46 0
>65～80	+340 +150									
>80～100	+390 +170	+207 +120	+340 +120	+159 +72	+90 +36	+123 +36	+47 +12	+22 0	+35 0	+54 0
>100～120	+400 +180									
>120～140	+450 +200	+245 +145	+395 +145	+185 +85	+106 +43	+143 +43	+54 +14	+25 0	+40 0	+63 0
>140～160	+460 +210									
>160～180	+480 +230									
>180～200	+530 +240	+285 +170	+460 +170	+215 +100	+122 +50	+165 +50	+61 +15	+29 0	+46 0	+72 0

续表

公称尺寸 /mm	公差带/μm									
	H			J	JS	K	N	P	S	U
	9▲	10	11▲	7*	7	7▲	7▲	7▲	7▲	7▲
～3	+25 / 0	+40 / 0	+60 / 0	+4 / −6	±5	0 / −10	−4 / −14	−6 / −16	−14 / −24	−18 / −28
>3～6	+30 / 0	+48 / 0	+75 / 0	±6	±6	+3 / −9	−4 / −16	−8 / −20	−15 / −27	−19 / −31
>6～10	+36 / 0	+58 / 0	+90 / 0	+8 / −7	±7	+5 / −10	−4 / −19	−9 / −24	−17 / −32	−22 / −37
>10～14	+43 / 0	+70 / 0	+110 / 0	+10 / −8	±9	+6 / −12	−5 / −23	−11 / −29	−21 / −39	−26 / −44
>14～18	+43 / 0	+70 / 0	+110 / 0	+10 / −8	±9	+6 / −12	−5 / −23	−11 / −29	−21 / −39	−26 / −44
>18～24	+52 / 0	+84 / 0	+130 / 0	+12 / −9	±10	+6 / −15	−7 / −28	−14 / −35	−27 / −48	−33 / −54
>24～30	+52 / 0	+84 / 0	+130 / 0	+12 / −9	±10	+6 / −15	−7 / −28	−14 / −35	−27 / −48	−33 / −54
>30～40	+62 / 0	+100 / 0	+160 / 0	+14 / −11	±12	+7 / −18	−8 / −33	−17 / −42	−34 / −59	−40 / −61
>40～50	+62 / 0	+100 / 0	+160 / 0	+14 / −11	±12	+7 / −18	−8 / −33	−17 / −42	−34 / −59	−40 / −61
>50～65	+74 / 0	+120 / 0	+190 / 0	+18 / −12	±15	+9 / −21	−9 / −39	−21 / −51	−42 / −72	−51 / −76
>65～80	+74 / 0	+120 / 0	+190 / 0	+18 / −12	±15	+9 / −21	−9 / −39	−21 / −51	−48 / −78	−61 / −86
>80～100	+87 / 0	+140 / 0	+220 / 0	+22 / −13	±17	+10 / −25	−10 / −45	−24 / −59	−58 / −93	−76 / −106
>100～120	+87 / 0	+140 / 0	+220 / 0	+22 / −13	±17	+10 / −25	−10 / −45	−24 / −59	−66 / −101	−91 / −121
>120～140	+100 / 0	+160 / 0	+250 / 0	+26 / −14	±20	+12 / −28	−12 / −52	−28 / −68	−77 / −117	−111 / −146
>140～160	+100 / 0	+160 / 0	+250 / 0	+26 / −14	±20	+12 / −28	−12 / −52	−28 / −68	−85 / −125	−131 / −166
>160～180	+100 / 0	+160 / 0	+250 / 0	+26 / −14	±20	+12 / −28	−12 / −52	−28 / −68	−93 / −133	−155 / −195
>180～200	+155 / 0	+185 / 0	+290 / 0	+30 / −16	±23	+13 / −33	−14 / −60	−33 / −79	−105 / −151	−175 / −215

注: 标▲的为优先公差带, 标*的为一般公差带, 其余为常用公差带。

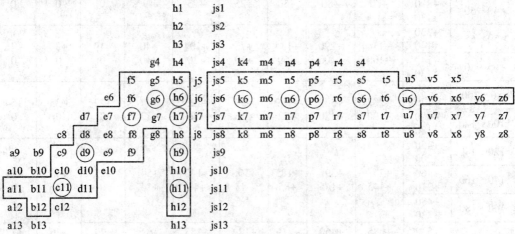

图 8-4　公称尺寸(0～200 mm)的轴常用、优先公差带(摘自 GB/T 1801—2009)

表 8-37　轴的极限偏差(摘自 GB/T 1800.2—2009)

公称尺寸 /mm	公差带/μm									
	c	d			f			g	h	
	11▲	9▲	10	11	7▲	8	9	6▲	6▲	7▲
~3	−60 −120	−20 −45	−20 −60	−20 −80	−6 −16	−6 −20	−6 −31	−2 −8	0 −6	0 −10
>3~6	−70 −145	−30 −60	−30 −78	−30 −105	−10 −22	−10 −28	−10 −40	−4 −12	0 −8	0 −12
>6~10	−80 −170	−40 −76	−40 −98	−40 −130	−13 −28	−13 −35	−13 −49	−5 −14	0 −9	0 −15
>10~14	−95 −205	−50 −93	−50 −120	−50 −160	−16 −34	−16 −43	−16 −59	−6 −17	0 −11	0 −18
>14~18										
>18~24	−110 −240	−65 −117	−65 −149	−65 −195	−20 −41	−20 −53	−20 −72	−7 −20	0 −13	0 −21
>24~30										
>30~40	−120 −280	−80 −142	−80 −180	−80 −240	−25 −50	−25 −64	−25 −87	−9 −25	0 −16	0 −25
>40~50	−130 −290									
>50~65	−140 −330	−100 −174	−100 −220	−100 −290	−30 −60	−30 −76	−30 −104	−10 −29	0 −19	0 −30
>65~80	−150 −340									
>80~100	−170 −390	−120 −207	−120 −260	−120 −340	−36 −71	−36 −90	−36 −123	−12 −34	0 −22	0 −35
>100~120	−180 −400									
>120~140	−200 −450	−145 −245	−145 −305	−145 −395	−43 −83	−43 −106	−43 −143	−14 −39	0 −25	0 −40
>140~160	−210 −460									
>160~180	−230 −480									
>180~200	−240 −530	−170 −285	−170 −355	−170 −460	−50 −96	−50 −122	−50 −165	−15 −44	0 −29	0 −46

公称尺寸 /mm	公差带/μm											
	h				js	k		m	n	p	s	u
	8	9▲	10	11▲	6	6▲	7	6	6▲	6▲	6▲	6▲
~3	0 −14	0 −25	0 −40	0 −60	±3	+6 0	+10 0	+8 +2	+10 +4	+12 +6	+20 +14	+24 +18
>3~6	0 −18	0 −30	0 −48	0 −75	±4	+9 +1	+3 +1	+12 +4	+16 +8	+20 +12	+27 +19	+31 +23
>6~10	0 −22	0 −36	0 −58	0 −90	±4.5	+10 −1	+16 +1	+15 +6	+19 +10	+24 +15	+32 +23	+37 +28
>10~14	0 −27	0 −43	0 −70	0 −110	±5.5	+12 +1	+19 +1	+18 +7	+23 +12	+29 +18	+39 +28	+44 +33
>14~18												
>18~24	0 −33	0 −52	0 −84	0 −130	±6.5	+15 +2	+23 +2	+21 +8	+28 +15	+35 +22	+48 +35	+54 +41
>24~30												+61 +48
>30~40	0 −39	0 −62	0 −100	0 −160	±8	+18 +2	+27 +2	+25 +9	+33 +17	+42 +26	+59 +43	+76 +60
>40~50												+86 +70
>50~65	0 −46	0 −74	0 −120	0 −190	±9.5	+21 +2	+32 +2	+30 +11	+39 +20	+51 +32	+72 +53	+106 +87
>65~80											+78 +59	+121 +102
>80~100	0 −54	0 −87	0 −140	0 −220	±11	+25 +3	+38 +3	+35 +13	+45 +23	+59 +37	+93 +71	+146 +124
>100~120											+101 +79	+166 +144
>120~140	0 −63	0 −100	0 −160	0 −250	±12.5	+28 +3	+43 +3	+40 +15	+52 +27	+68 +43	+117 +79	+195 +170
>140~160											+125 +100	+215 +190
>160~180											+133 +108	+235 +210
>180~200	0 −72	0 −115	0 −185	0 −290	±14.5	+33 +4	+50 +4	+46 +17	+60 +31	+79 +50	+151 +122	+265 +236

注：标 ▲ 的为优先公差带，其余为常用公差带。

表 8-38　轴的各种基本偏差的应用说明

配合种类	基本偏差	配合特点及应用
间隙配合	a, b	可得到特别大的间隙，很少应用
	c	可得到很大的间隙，一般适用于转动缓慢、较松的动配合；用于工作条件较差(如农业机械)，受力变形，或为了便于装配而必须保证有较大的间隙时；推荐配合为 H11/c11，其较高级的配合，如 H8/c7 适用于轴在高温时工作的紧密配合，例如内燃机排气阀和导管
	d	一般用于 IT7～IT11 级，适用于松的转动配合，如密封盖、滑轮、转动带轮等与轴的配合；也适用于大直径滑动轴承配合，如透平机、球磨机、轧滚成形和重型弯曲机及其他重型机械中的一些滑动支承
	e	多用于 IT7～IT9 级，通常适用于要求有明显间隙、易于转动的支承配合，如大跨距、多支点支承等；高等级的 e 轴适用于大型、高速、重载场合下的支承配合，如涡轮发电机、大型电动机、内燃机、凸轮轴、摇臂支承等
	f	多用于 IT6～IT8 级的一般转动配合；当温度影响不大时，被广泛用于普通润滑油(或润滑脂)润滑的支承，如齿轮箱、小电动机、泵等的转轴与滑动支承的配合
	g	配合间隙很小，制造成本高，除很轻载荷的精密装置外，不推荐用于转动配合；多用于 IT5～IT7 级，最适合不回转的精密滑动配合，也用于插销等定位配合，如精密连杆轴承、活塞、滑阀、连杆销等
	h	多用于 IT4～IT11 级；广泛用于无相对转动的零件，作为一般的定位配合；若没有温度、变形的影响，则用于精密滑动配合
过渡配合	js	为完全对称偏差(±IT/2)，平均为稍有间隙的配合，多用于 IT4～IT7 级，要求间隙比 h 轴小，并允许略有过盈的定位配合，如联轴器，可用手或木槌装配
	k	平均为没有间隙的配合，适用于 IT4～IT7 级，推荐用于稍有过盈定位配合，例如，为了消除震动用的定位配合，一般可用木槌装配
	m	平均为具有小过盈的过渡配合，适用于 IT4～IT7 级，一般用木槌装配，但在最大过盈时，要求有相当大的压入力
	n	平均过盈比 m 轴稍大，很少得到间隙，适用于 IT4～IT7 级，用锤子或压力机装配，通常推荐用于紧密的组件配合；H6/n5 配合时为过盈配合
过盈配合	p	与 H6 孔或 H7 孔配合时是过盈配合；与 H8 孔配合时则为过渡配合；对非铁类零件，为较轻的压入配合，当需要时易于拆卸；对钢、铸铁或铜、钢组件装配，是标准的压入配合
	f	对铁类零件，为中等打入配合；对非铁类零件，为轻打入配合，当需要时可以拆卸；与 H8 孔配合，直径在 100 mm 以上时为过盈配合，直径小时为过渡配合
	s	用于钢和铁制零件的永久性和半永久性装配，可产生相当大的结合力；当用弹性材料，如轻合金时，配合性质与铁类零件的 p 轴相当，例如套环压装在轴上，阀座与机体的配合等。当尺寸较大时，为了避免损伤配合表面，需用热胀或冷缩法装配
	t、u、v、x、y、z	过盈量依次增大，一般不推荐采用

表 8-39　基孔制优先、常用配合(摘自 GB/T 1801—2009)

基准孔	轴																				
	a	b	c	d	e	f	g	h	js	k	m	n	p	r	s	t	u	v	x	y	z
	间 隙 配 合								过 渡 配 合						过 盈 配 合						
H6						$\frac{H6}{f5}$	$\frac{H6}{g5}$	$\frac{H6}{h5}$	$\frac{H6}{js5}$	$\frac{H6}{k5}$	$\frac{H6}{m5}$	$\frac{H6}{n5}$	$\frac{H6}{p5}$	$\frac{H6}{r5}$	$\frac{H6}{s5}$	$\frac{H6}{t5}$					
H7						$\frac{H7}{f6}$	$\frac{H7}{g6}$	$\frac{H7}{h6}$	$\frac{H7}{js6}$	$\frac{H7}{k6}$	$\frac{H7}{m6}$	$\frac{H7}{n6}$	$\frac{H7}{p6}$	$\frac{H7}{r6}$	$\frac{H7}{s6}$	$\frac{H7}{t6}$	$\frac{H7}{u6}$	$\frac{H7}{v6}$	$\frac{H7}{x6}$	$\frac{H7}{y6}$	$\frac{H7}{z6}$
H8					$\frac{H8}{e7}$	$\frac{H8}{f7}$	$\frac{H8}{g7}$	$\frac{H8}{h7}$	$\frac{H8}{js7}$	$\frac{H8}{k7}$	$\frac{H8}{m7}$	$\frac{H8}{n7}$	$\frac{H8}{p7}$	$\frac{H8}{r7}$	$\frac{H8}{s7}$	$\frac{H8}{t7}$	$\frac{H8}{u7}$				
H8				$\frac{H8}{d8}$	$\frac{H8}{e8}$	$\frac{H8}{f8}$		$\frac{H8}{h8}$													
H9			$\frac{H9}{c9}$	$\frac{H9}{d9}$	$\frac{H9}{e9}$	$\frac{H9}{f9}$		$\frac{H9}{h9}$													
H10			$\frac{H10}{c10}$	$\frac{H10}{d10}$				$\frac{H10}{h10}$													
H11	$\frac{H11}{a11}$	$\frac{H11}{b11}$	$\frac{H11}{c11}$	$\frac{H11}{d11}$				$\frac{H11}{h11}$													
H12		$\frac{H12}{b12}$						$\frac{H12}{h12}$													

注：(1) $\dfrac{H6}{n5}$、$\dfrac{H7}{p6}$ 在公称尺寸小于或等于 3 mm 时，为过渡配合；$\dfrac{H8}{r7}$ 在小于或等于 100 mm 时，为过渡配合。

　　　(2) 标注▶的配合为优先配合。

表 8-40　基轴制优先、常用配合(摘自 GB/T 1801—2009)

基准轴	孔																				
	A	B	C	D	E	F	G	H	JS	K	M	N	P	R	S	T	U	V	X	Y	Z
	间 隙 配 合								过 渡 配 合						过 盈 配 合						
H5						$\frac{F6}{h5}$	$\frac{G6}{h5}$	$\frac{H6}{h5}$	$\frac{JS6}{h5}$	$\frac{K6}{h5}$	$\frac{M6}{h5}$	$\frac{N6}{h5}$	$\frac{P6}{h5}$	$\frac{R6}{h5}$	$\frac{S6}{h5}$	$\frac{T6}{h5}$					
H6						$\frac{F7}{h6}$	$\frac{G7}{h6}$	$\frac{H7}{h6}$	$\frac{JS7}{h6}$	$\frac{K7}{h6}$	$\frac{M7}{h6}$	$\frac{N7}{h6}$	$\frac{P7}{h6}$	$\frac{R7}{h6}$	$\frac{S7}{h6}$	$\frac{T7}{h6}$	$\frac{U7}{h6}$				
H7					$\frac{E8}{h7}$	$\frac{F8}{h7}$		$\frac{H8}{h7}$	$\frac{JS8}{h7}$	$\frac{K8}{h7}$	$\frac{M8}{h7}$	$\frac{N8}{h7}$									
H8				$\frac{D8}{h8}$	$\frac{E8}{h8}$	$\frac{F8}{h8}$		$\frac{H8}{h8}$													
H9				$\frac{D9}{h9}$	$\frac{E9}{h9}$	$\frac{F9}{h9}$		$\frac{H9}{h9}$													
H10				$\frac{D10}{h10}$				$\frac{H10}{h10}$													
H11	$\frac{A11}{h11}$	$\frac{B11}{h11}$	$\frac{C11}{h11}$	$\frac{D11}{h11}$				$\frac{H11}{h11}$													
H12		$\frac{B12}{h12}$						$\frac{H12}{h12}$													

注：标注▶的配合为优先配合。

(2) 几何公差。基准标注示例见表 8-41，直线度、平面度公差值见表 8-42，圆度、圆柱度公差值见表 8-43，同轴度、对称度、圆跳动和全跳动公差值见表 8-44，平行度、垂直度和倾斜度公差值见表 8-45。

表 8-41　基准标注示例(摘自 GB/T 17851—2010)

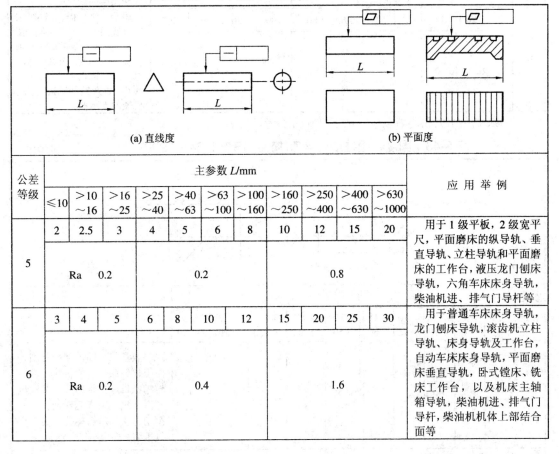

表 8-42　直线度、平面度公差值(摘自 GB/T 1184—1996)　　　　μm

公差等级	主参数 L/mm											应用举例
	≤10	>10~16	>16~25	>25~40	>40~63	>63~100	>100~160	>160~250	>250~400	>400~630	>630~1000	
5	2	2.5	3	4	5	6	8	10	12	15	20	用于1级平板，2级宽平尺，平面磨床的纵导轨、垂直导轨、立柱导轨和平面磨床的工作台，液压龙门刨床导轨，六角车床床身导轨，柴油机进、排气门导杆等
5	Ra　0.2			0.2				0.8				
6	3	4	5	6	8	10	12	15	20	25	30	用于普通车床床身导轨，龙门刨床导轨，滚齿机立柱导轨、床身导轨及工作台，自动车床床身导轨，平面磨床垂直导轨，卧式镗床、铣床工作台，以及机床主轴箱导轨，柴油机进、排气门导杆，柴油机机体上部结合面等
6	Ra　0.2			0.4				1.6				

续表

公差等级	主参数 L/mm											应 用 举 例
	≤10	>10~16	>16~25	>25~40	>40~63	>63~100	>100~160	>160~250	>250~400	>400~630	>630~1000	
7	5	6	8	10	12	15	20	25	30	40	50	用于2级平板,0.02 mm游标卡尺尺身,机床床头箱体,滚齿机床床身导轨,镗床工作台,摇臂钻底座工作台,柴油机气门导杆,液压泵盖,压力机导轨及滑块
	Ra　0.4			0.8				1.6				
8	8	10	12	15	20	25	30	40	50	60	80	用于2级平板,车床溜板箱体,机床主轴箱体,机床传动箱体,自动车床底座,气缸盖结合面,气缸座,内燃机连杆分离面,减速器壳体的结合面
	Ra　0.8			0.8				3.2				
9	12	15	20	25	30	40	50	60	80	100	120	用于3级平板,机床溜板箱,立钻工作台,螺纹磨床的挂轮架,金相显微镜的载物台,柴油机气缸体,连杆的分离面,缸盖的结合面、阀片、空气压缩器的缸体,柴油机缸孔环面及液压管件和法兰的结合面等
	Ra　1.6			1.6				3.2				
10	20	25	30	40	50	60	80	100	120	150	200	用于3级平板、自动车床床身底面、车床挂轮架、柴油机汽缸体、摩托车的曲轴箱体、汽车变速箱的壳体、汽车发动机机缸盖结合面、阀片,以及辅助机构、手动机械的支承面
	Ra　1.6			3.2				6.3				

注:表中所列的表面粗糙度值和应用举例仅供参考。

表 8-43　圆度、圆柱度公差值(摘自 GB/T 1184—1996)　　　　　　μm

(a) 圆度　　　　　　　(b) 圆柱度

公差等级	主参数 d(D)/mm										应 用 举 例
	≤3	>3~6	>6~10	>10~18	>18~30	>30~50	>50~80	>80~120	>120~180	>180~250	
5	1.2	1.5	1.5	2	2.5	2.5	3	4	5	7	一般量仪主轴、测杆外圆、陀螺仪轴颈,一般机床主轴,较精密机床主轴箱孔,柴油机与汽油机活塞、活塞销孔、铣削动力头轴承箱座孔,高压空气压缩机十字头销、活塞等

续表

公差等级	主参数 $d(D)$/mm										应 用 举 例
	≤3	>3~6	>6~10	>10~18	>18~30	>30~50	>50~80	>80~120	>120~180	>180~250	
6	2	2.5	2.5	3	4	4	5	6	8	10	仪表端盖外圆，一般机床主轴及箱孔，中等压力下液压装置工作面(包括泵、压缩机的活塞和气缸),汽车发动机凸轮轴、纺机锭子，通用减速器轴颈，高速船用发动机曲轴，拖拉机曲轴，主轴颈，风动绞车曲轴
7	3	4	4	5	6	7	8	10	12	14	大功率低速柴油机曲轴、活塞、活塞销、连杆、气缸、高速柴油机箱体孔，千斤顶或压力油缸活塞，液压传动系统的分配机构，机车传动轴，水泵及一般减速器轴颈
8	4	5	6	8	9	11	13	15	18	20	低速发动机、减速器、大功率曲柄轴轴颈，压气机连杆盖、体，拖拉机气缸体、活塞，炼胶机冷铸轴辊，印刷机传磨辊，内燃机曲轴，柴油机机体孔，凸轮轴，拖拉机、小型船用柴油机气缸套
9	6	8	9	11	13	16	19	22	25	29	空气压缩机缸体、通用机械杠杆与拉杆用套筒销子、拖拉机活塞环套筒孔，氧压机机座
10	10	12	15	18	21	25	30	35	40	46	印染及导布辊，绞车、吊车、起重机活动轴承径等
11	14	18	22	27	33	39	46	54	63	72	

注：表中所列的应用举例仅供参考。

表 8-44　同轴度、对称度、圆跳动和全跳动公差值(摘自 GB/T 1184—1996) 　μm

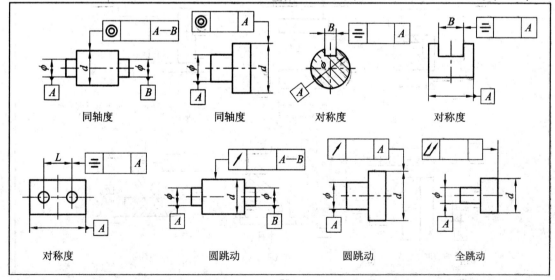

同轴度　　　　　同轴度　　　　　对称度　　　　　对称度

对称度　　　　　圆跳动　　　　　圆跳动　　　　　全跳动

公差等级	主参数 $d(D)$、B、L/mm										应用举例(参考)
	≤1	>1~3	>3~6	>6~10	>10~18	>18~30	>30~50	>50~120	>120~250	>250~500	
5	2.5	2.5	3	4	5	6	8	10	12	15	应用范围较广的精度等级，用于精度要求比较高，一般按尺寸公差等级 IT7 或 IT8 制造的零件。5 级常用于机床轴径、测量仪器的测量杆汽轮机主轴、柱塞油泵转子、高精度滚动轴承外圈、一般精度滚动轴承内圈。6、7 级用于内燃机曲轴、凸轮轴轴径、水泵轴，齿轮轴、汽车后桥输出轴、电动机转子、0 级精度滚动轴承内圈、印刷机传墨辊等
6	4	4	5	6	8	10	12	15	20	25	
7	6	6	8	10	12	15	20	25	30	40	
8	10	10	12	15	20	25	30	40	50	60	用于一般精度要求，通常按尺寸公差等级 IT9~IT11 制造零件。8 级用于拖拉机发动机分配轴轴径。9 级精度用于齿轮与轴的配合面，水泵叶轮，离心泵泵体，棉花精梳机前、后滚子。10 级用于摩托车活塞、印染机导布辊、内燃机活塞环槽底径对活塞中心、气缸套外圆对内孔工作面等
9	15	20	25	30	40	50	60	80	100	120	
10	25	40	50	60	80	100	120	150	200	250	

注：表中所列的应用举例仅供参考。

表 8-45　平行度、垂直度和倾斜度公差值(摘自 GB/T 1184—1996)　　　　μm

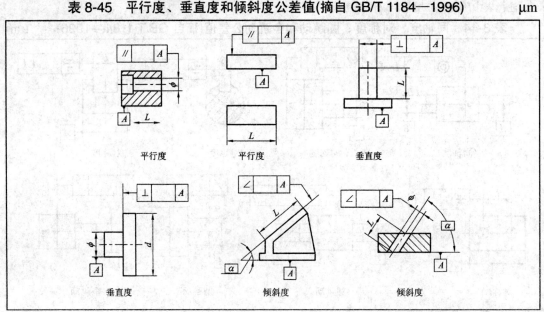

平行度　　　　　平行度　　　　　垂直度

垂直度　　　　　倾斜度　　　　　倾斜度

续表

公差等级	主参数 d(D)、B、L/mm											应用举例(参考)	
	≤10	>10~16	>16~25	>25~40	>40~63	>63~100	>100~160	>160~250	>250~400	>400~630	>630~1000	平行度	垂直度和倾斜度
4	3	4	5	6	8	10	12	15	20	25	30	普通机床、测量仪器、量具及模具的基准面和工作面,高精度轴承座圈、轴承端盖、挡圈的端面。机床主轴孔对基准面的要求,重要轴承孔对基准面的要求,床头箱体重要孔间要求,一般减速器壳体孔之间的要求,齿轮泵的轴孔端面等	普通机床导轨,精密机床重要零件,机床重要支承面,普通机床主轴偏摆,发动机轴和离合器凸缘,气缸的支承端面,装4、5级轴承的箱体的凸肩,测量仪器,液压传动轴瓦端,蜗轮盘端面,刀具、量具工作面和基准面等
5	5	6	8	10	12	15	20	25	30	40	50		
6	8	10	12	15	20	25	30	40	50	60	80	一般机床零件的工作面对基准面,压力机和锻锤的工作面,中等精度钻模的工作面,一般刀具、量具、模具。机床一般轴承孔对基准面的要求,汽缸轴线,变速器箱孔,主轴花键对定心直径,重型机械轴承盖的端面,卷扬机、手动传动装置中的传动轴	低精度机床主要基准面和工作面,回转工作台端面,一般导轨,主轴箱体孔,刀架、砂轮架及工作台回转中心,机床轴肩,汽缸配合面对其轴线,活塞销孔对活塞中心线以及装6、0级轴承壳体孔的轴线等,压缩机汽缸配合面对汽缸镜面轴线的要求等
7	12	15	20	25	30	40	50	60	80	100	120		
8	20	25	30	40	50	60	80	100	120	150	200		
9	30	40	50	60	80	100	120	150	200	250	300	低精度零件,重型机械滚动轴承端盖,柴油机和煤气发动机的曲轴孔、轴颈等	花键轴轴肩端面、皮带运输机法兰盘等端面对轴心线,手动卷扬机及传动装置中轴承端面,减速器壳体平面等
10	50	60	80	100	120	150	200	250	300	400	500		

注:表中所列的应用举例仅供参考。

(3) 表面粗糙度。表面结构的标注位置与方向如图 8-5 所示，表面粗糙度的选用举例见表 8-46，常用工作表面的表面粗糙度见表 8-47。

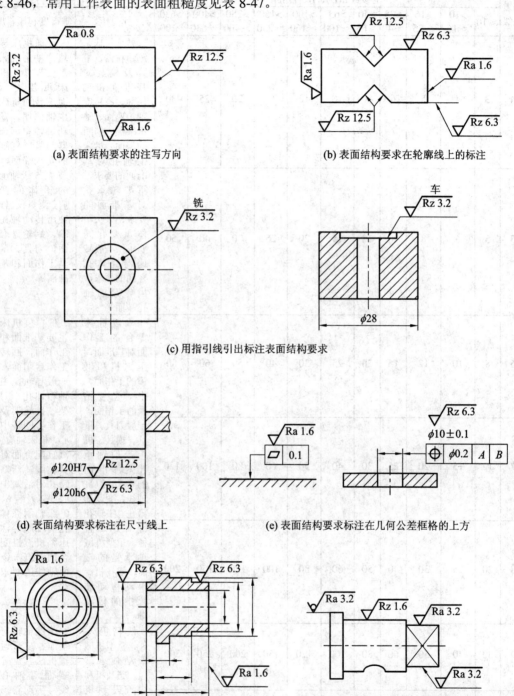

图 8-5　表面结构的标注位置与方向(摘自 GB/T 131—2006)

表 8-46　表面粗糙度选用举例

Ra/μm	表面状况	加工方法	应用举例
12.5	可见刀痕	粗车、刨、铣、钻	一般非结合表面，如轴的端面；倒角、齿轮及带轮侧面；键槽的非工作表面；减重孔眼表面
6.3	可见加工痕迹	车、镗、刨、铣、钻、锉、磨、粗铰、铣齿	不重要零件的非配合表面，如支架、外壳、轴、盖等的端面；紧固件的自由表面；紧固件的通孔表面；不作为计量基准的齿轮顶圆表面等
3.2	微见加工痕迹	车、镗、刨、铣、拉、磨、锉、铣齿	和其他零件连接不形成配合的表面，如箱体、外壳、端盖等零件的端面；键和键槽的工作表面；不重要的紧固螺纹表面
1.6	看不清加工痕迹	车、镗、刨、铣、铰、拉、磨、铣齿	普通精度齿轮的齿面，定位销孔，V 带轮的表面，轴承端盖的定中心凸肩表面等
0.8	可辨加工痕迹的方向	车、镗、拉、磨、立铣	要求保证定心及配合特性的表面，如圆锥销与圆柱销的表面，与 G 级精度滚动轴承相配合的轴颈和外壳孔表面，过盈配合 IT7 级的孔(H7)，间隙配合 IT8～IT9 级的孔(H8，H9)表面等

表 8-47　常用工作表面的表面粗糙度 Ra　　　　　　　　μm

	公差等级	表面	基本尺寸		
			50	>50～500	
配合表面	5	轴	0.2	0.4	
		孔	0.4	0.8	
	6	轴	0.4	0.8	
		孔	0.4～0.8	0.8～1.6	
	7	轴	0.4～0.8	0.8～1.6	
		孔	0.8	1.6	
	8	轴	0.8	1.6	
		孔	0.8～1.6	1.6～3.2	
	公差等级	表面	基本尺寸		
			50	>50～120	>120～500
过盈配合	压入装配				
	5	轴	0.1～0.2	0.4	0.4
		孔	0.2～0.4	0.8	0.8
	6～7	轴	0.4	0.8	1.6
		孔	0.8	1.6	1.6
	8	轴	0.8	0.8～1.6	1.6～3.2
		孔	1.6	1.6～3.2	1.6～3.2
	热装	轴	1.6		
	—	孔	1.6～3.2		

续表

减速器箱体分界面	类型	有垫片		无垫片					
	密封的	3.2～6.3		0.8～1.6					
	不密封的	6.3～12.5		6.3～12.5					
键结合	类型		键	轴上键槽		毂上键槽			
	不动结合	工作面	3.2	1.6～3.2		1.6～3.2			
		非工作面	6.3～12.5	6.3～12.5		6.3～12.5			
	用导向键	工作面	1.6～3.2	1.6～3.2		1.6～3.2			
		非工作面	6.3～12.5	6.3～12.5		6.3～12.5			
齿轮传动	类型		精度等级						
		4	5	6	7	8	9	10	11
	直齿、斜齿齿面	0.2～0.4	0.2～0.4	0.4	0.4～0.8	1.6	3.2	6.3	6.3
倒角、倒圆、退刀槽等		3.2～12.5							
螺栓、螺钉等用的通孔		25							
箱体上的槽和凸起		12.5～25							

8.8　普通 V 带带轮

普通 V 带带轮的结构及其尺寸见表 8-48。

表 8-48　普通 V 带带轮的结构及其尺寸　　　　　mm

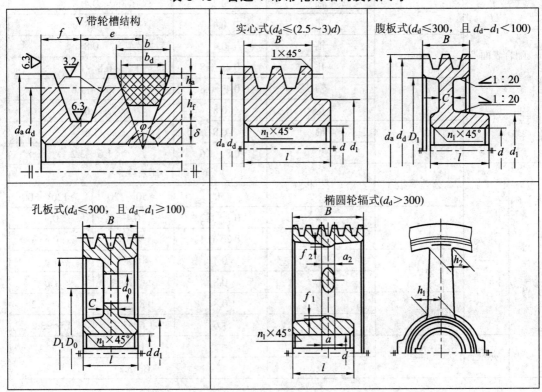

V 带轮槽形尺寸(摘自 GB/T 13575.1—2008)						外形尺寸	椭圆轮辐尺寸
槽形	A	B	C	D	E	$d_a = d_d + 2h_a$	$h_1 = 290\sqrt{\dfrac{P}{nA}}$
b_d	11	14	19	27	32	$d_1 = (1.8\sim2)d$	式中：A 为轮辐数；P 为传递功率，kW；n 为带轮转速，r/min
$b\approx$	13.2	17.2	23	32.7	38.7		
h_a	2.75	3.5	4.8	8.1	9.6	$B = (z-1)e + 2f$ z 为轮槽数	
h_{fmin}	8.7	10.8	14.3	19.9	23.4		
e	15±0.3	19±0.4	25.5±0.5	37±0.6	44.5±0.7		
f	12.5$^{+2}_{-1}$					$l = (1.5\sim2)d$	$h_2 = 0.8h_1$
δ	6	7.5	10	12	15	n_1 按轴过渡圆角定	$a_1 = 0.4h_1$
ϕ 32º 对应 d_d 值	—	—	—	—	—		
34º	≤118	≤190	≤315	—	—	$D_0 = 0.5(D_1 + d_1)$	$a_2 = 0.8h_1$
36º	—	—	—	≤475	≤600	$D_1 = d_a - 2(h_a + \delta)$	$f_1 = 0.2h_1$
38º	>118	>190	>315	>475	>600		
C	10	14	18	22	28	$d_0 = 0.25(D_1 - d_1)$	$f_2 = 0.2h_2$

槽形	轮槽数	轮缘宽度 B							孔径 d 系列值
A	1	20	$\dfrac{35}{75\sim140}$	$\dfrac{40}{150\sim224}$	$\dfrac{45}{250}$				16, 18, 20, 22, 24, 25, 28, 30
	2	35	$\dfrac{45}{75\sim160}$	$\dfrac{50}{180\sim315}$	$\dfrac{60}{355\sim500}$				16, 18, 20, 22, 24, 25, 28, 30, 32, 35, 38, 40
	3	50	$\dfrac{50}{75\sim280}$	$\dfrac{60}{315\sim355}$	$\dfrac{65}{400\sim630}$				
	4	65	$\dfrac{45}{75\sim90}$	$\dfrac{50}{95\sim160}$	$\dfrac{60}{180\sim355}$	$\dfrac{65}{400}$	$\dfrac{70}{450\sim630}$		20, 22, 24, 25, 28, 30, 32, 35, 38, 40
	5	80	$\dfrac{50}{75\sim90}$	$\dfrac{60}{95\sim160}$	$\dfrac{65}{180\sim280}$	$\dfrac{70}{315\sim560}$	$\dfrac{75}{630}$		24, 25, 28, 32, 35, 38, 40
B	1	25	$\dfrac{35}{125\sim140}$	$\dfrac{40}{150\sim200}$	$\dfrac{45}{224\sim250}$				18, 20, 22, 24, 25, 28, 30
	2	44	$\dfrac{45}{125\sim160}$	$\dfrac{50}{170\sim280}$	$\dfrac{60}{315\sim450}$	$\dfrac{65}{500}$			32, 35, 38, 40
	3	63	$\dfrac{50}{125\sim224}$	$\dfrac{60}{250\sim355}$	$\dfrac{65}{400\sim450}$	$\dfrac{75}{500\sim630}$	$\dfrac{85}{710}$		32, 35,38, 40, 42, 45, 50, 55
	4	82	$\dfrac{50}{125\sim150}$	$\dfrac{60}{160\sim224}$	$\dfrac{65}{250\sim355}$	$\dfrac{70}{400\sim450}$	$\dfrac{75}{500\sim600}$	$\dfrac{90}{630\sim710}$	
	5	101	$\dfrac{50}{125}$	$\dfrac{60}{132\sim160}$	$\dfrac{70}{170\sim355}$	$\dfrac{80}{400\sim450}$	$\dfrac{90}{500\sim600}$	$\dfrac{105}{630\sim710}$	32, 35, 38, 40, 42, 45, 50, 55
	6	120	$\dfrac{60,65}{125\sim150,160}$	$\dfrac{70}{170\sim180}$	$\dfrac{80,90}{200,280\sim355}$	$\dfrac{100}{400\sim450}$	$\dfrac{105}{500\sim600}$	$\dfrac{115}{630\sim710}$	

8.9 圆 柱 齿 轮

(1) 圆柱齿轮的结构及其尺寸见表 8-49。

表 8-49　圆柱齿轮的结构及其尺寸 　　　　　　　　　mm

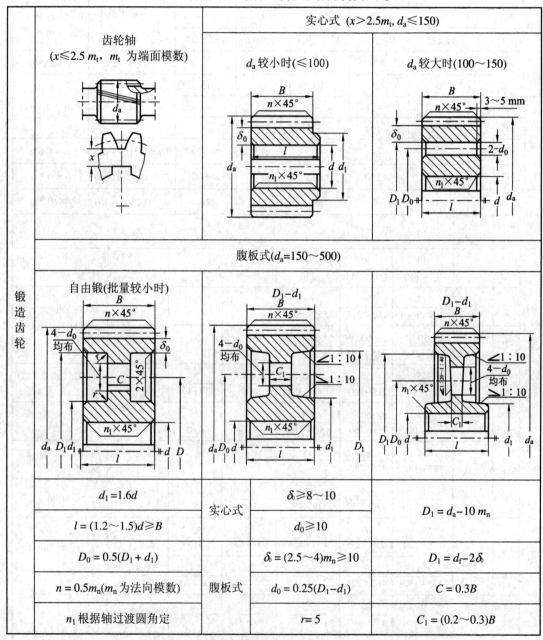

$d_1 = 1.6d$	实心式	$\delta_0 \geqslant 8 \sim 10$	$D_1 = d_a - 10\,m_n$
$l = (1.2 \sim 1.5)d \geqslant B$		$d_0 \geqslant 10$	
$D_0 = 0.5(D_1 + d_1)$	腹板式	$\delta_0 = (2.5 \sim 4)m_n \geqslant 10$	$D_1 = d_f - 2\delta_0$
$n = 0.5m_n(m_n$ 为法向模数)		$d_0 = 0.25(D_1 - d_1)$	$C = 0.3B$
n_1 根据轴过渡圆角定		$r = 5$	$C_1 = (0.2 \sim 0.3)B$

(2) 齿轮偏差值。齿轮的极限偏差值见表 8-50，齿轮的相关数值见表 8-51，齿轮径向圆跳动公差见表 8-52，齿轮公法线长度见表 8-53，齿厚偏差见表 8-54。

表 8-50 中心距极限偏差值 μm

齿轮精度等级		f_a		
		5～6	7～8	9～10
齿轮副的中心距 a/mm	>6～10	7.5	11	18
	>10～18	9	13.5	21.5
	>18～30	10.5	16.5	26
	>30～50	12.5	19.5	31
	>50～80	15	23	37
	>80～120	17.5	27	43.5
	>120～180	20	31.5	50
	>180～250	23	36	57.5
	>250～315	26	40.5	65
	>315～400	28.5	44.5	70
	>400～500	31.5	48.5	77.5
	>500～630	35	55	87
	>630～800	40	62	100
	>800～1000	45	70	115

表 8-51 齿轮的单个齿距偏差±f_{pt}、齿距累积总偏差 F_p 和齿廓总偏差 F_α 数值表
(摘自 GB/T 10095.1—2008) μm

分度圆直径 d/mm	模数 m/mm	精度等级											
		6	7	8	9	6	7	8	9	6	7	8	9
		±f_{pt}/μm				F_p/μm				F_α/μm			
20<d<50	0.5≤m≤2	7.0	10.0	14.0	20.0	20.0	29.0	41.0	57.0	7.5	10.0	15.0	21.0
	2<m<3.5	7.5	11.0	15.0	22.0	21.0	30.0	42.0	59.0	10.0	14.0	20.0	29.0
	3.5<m≤6	8.5	12.0	17.0	24.0	22.0	31.0	44.0	62.0	12.0	18.0	25.0	35.0
50<d≤125	0.5≤m≤2	7.5	11.0	15.0	21.0	26.0	37.0	52.0	74.0	8.5	12.0	17.0	23.0
	2<m≤3.5	8.5	12.0	17.0	23.0	27.0	38.0	53.0	76.0	11.0	16.0	22.0	31.0
	3.5<m≤6	9.0	13.0	18.0	26.0	28.0	39.0	55.0	78.0	13.0	19.0	27.0	38.0
125<d≤280	0.5≤m≤2	8.5	12.0	17.0	24.0	35.0	49.0	69.0	98.0	10.0	14.0	20.0	28.0
	2<m≤3.5	9.0	13.0	18.0	26.0	35.0	50.0	70.0	100.0	13.0	18.0	25.0	36.0
	3.5<m≤6	10.0	14.0	20.0	28.0	36.0	51.0	72.0	102.0	15.0	21.0	30.0	42.0
280<d≤560	0.5≤m≤2	9.5	13.0	19.0	27.0	46.0	64.0	91.0	129.0	12.0	17.0	23.0	33.0
	2<m≤3.5	10.0	14.0	20.0	29.0	46.0	65.0	92.0	131.0	15.0	21.0	29.0	41.0
	3.5<m≤6	11.0	16.0	22.0	31.0	47.0	66.0	94.0	133.0	17.0	24.0	34.0	48.0

表 8-52 齿轮径向圆跳动公差 F_r(摘自 GB/T 10095.2—2008) μm

分度圆直径 d/mm	模数 m_n/mm	精度等级				
		5	6	7	8	9
20<d≤50	2.0<m_n≤3.5	12	17	24	34	47
	3.5<m_n≤6.0	12	17	25	35	49
50<d≤125	2.0<m_n≤3.5	15	21	30	43	61
	3.5<m_n≤6.0	16	22	31	44	62
	6.0<m_n≤10	16	23	33	46	65
125<d≤280	2.0<m_n≤3.5	20	28	40	56	80
	3.5<m_n≤6.0	20	29	41	58	82
	6.0<m_n≤10	21	30	42	60	85
280<d≤560	2.0<m_n≤3.5	26	37	52	74	105
	3.5<m_n≤6.0	27	38	53	75	106
	6.0<m_n≤10	27	39	55	77	109

表 8-53 公法线长度 mm

齿数 z	跨测齿数 k	公法线长度	齿数 z	跨测齿数 k	公法线长度	齿数 z	跨测齿数 k	公法线长度	齿数 z	跨测齿数 k	公法线长度	齿数 z	跨测齿数 k	公法线长度	齿数 z	跨测齿数 k	公法线长度
			41	5	13.8588	81	10	29.1797	121	14	41.5484	161	18	53.9171			
			42	5	13.8728	82	10	29.1937	122	14	41.5624	162	19	56.8833			
			43	5	13.8868	83	10	29.2077	123	14	41.5764	163	19	56.8972			
4	2	4.4842	44	5	13.9008	84	10	29.2217	124	14	41.5904	164	19	56.9113			
5	2	4.4942	45	6	16.8670	85	10	29.2357	125	14	41.6044	165	19	56.9253			
6	2	4.5122	46	6	16.8810	86	10	29.2497	126	15	44.5706	166	19	56.9393			
7	2	4.5262	47	6	16.8950	87	10	29.2637	127	15	44.5846	167	19	56.9533			
8	2	4.5402	48	6	16.9090	88	10	29.2777	128	15	44.5986	168	19	56.9673			
9	2	4.5542	49	6	16.9230	89	10	29.2917	129	15	44.6126	169	19	56.9813			
10	2	4.5683	50	6	16.9370	90	11	32.2579	130	15	44.6266	170	19	56.9953			
11	2	4.5823	51	6	16.9510	91	11	32.2718	131	15	44.6406	171	20	59.9615			
12	2	4.5963	52	6	16.9660	92	11	32.2858	132	15	44.6546	172	20	59.9754			
13	2	4.6103	53	6	16.9790	93	11	32.2998	133	15	44.6686	173	20	59.9894			
14	2	4.6243	54	7	19.9452	94	11	32.3136	134	15	44.6826	174	20	60.0034			
15	2	4.6383	55	7	19.9591	95	11	32.3279	135	16	47.6490	175	20	60.0174			
16	2	4.6523	56	7	19.9731	96	11	32.3419	136	16	47.6627	176	20	60.0314			
17	2	4.6663	57	7	19.9871	97	11	32.3559	137	16	47.6767	177	20	60.0455			
18	3	7.6324	58	7	20.0011	98	11	32.3699	138	16	47.6907	178	20	60.0595			
19	3	7.6464	59	7	20.0152	99	12	35.3361	139	16	47.7047	179	20	60.0735			
20	3	7.6604	60	7	20.0292	100	12	35.3500	140	16	47.7187	180	21	63.0397			
21	3	7.6744	61	7	20.0432	101	12	35.3640	141	16	47.7327	181	21	63.0536			
22	3	7.6884	62	7	20.0572	102	12	35.3780	142	16	47.7408	182	21	63.0676			
23	3	7.7024	63	8	23.0233	103	12	38.3920	143	16	47.7608	183	21	63.0816			
24	3	7.7165	64	8	23.0373	104	12	35.4060	144	17	50.7270	184	21	63.0956			
25	3	7.7305	65	8	23.0513	105	12	35.4200	145	17	50.7409	185	21	63.1099			
26	3	7.7445	66	8	23.0653	106	12	35.4340	146	17	50.7549	186	21	63.1236			
27	4	10.7106	67	8	23.0793	107	12	35.4481	147	17	50.7689	187	21	63.1376			
28	4	10.7246	68	8	23.0933	108	12	38.4142	148	17	50.7829	188	21	63.1516			
29	4	10.7386	69	8	23.1073	109	13	38.4282	149	17	50.7969	189	22	66.1179			
30	4	10.7526	70	8	23.1213	110	13	38.4422	150	17	50.8109	190	22	66.1318			
31	4	10.7666	71	8	23.1353	111	13	38.4562	151	17	50.8249	191	22	66.1458			
32	4	10.7806	72	9	26.1015	112	13	38.4702	152	17	50.8389	192	22	66.1598			
33	4	10.7946	73	9	26.1155	113	13	38.4842	153	18	53.8051	193	22	66.1738			
34	4	10.8086	74	9	26.1295	114	13	38.4982	154	18	53.8191	194	22	66.1878			
35	4	10.8226	75	9	26.1435	115	13	38.5122	155	18	53.8331	195	22	66.2018			
36	5	13.7888	76	9	26.1575	116	13	38.5262	156	18	53.8471	196	22	66.2158			
37	5	13.8028	77	9	26.1715	117	14	41.4924	157	18	53.8611	197	22	66.2298			
38	5	13.8168	78	9	26.1855	118	14	41.5064	158	18	53.8751	198	23	69.1961			
39	5	13.8308	79	9	26.1995	119	14	41.5204	159	18	53.8891	199	23	69.2101			
40	5	13.8448	80	9	26.2135	120	14	41.5344	160	18	53.9301	200	23	69.2241			

注：对于标准直齿圆柱齿轮，指 $m = 1$ mm、$\alpha = 20°$ 时的公法线长度。

表 8-54　齿　厚　偏　差　　　　　　　　　　μm

偏差	第Ⅱ公差组精度等级	法向模数 m_n/mm	分 度 圆 直 径					
			≤80	>80～125	>125～180	>180～250	>250～315	>315～400
齿厚允许的上极限偏差 E_{sns} 及下极限偏差 E_{sni}	7	≥1～3.5	HK$\binom{-112}{-168}$	HK$\binom{-112}{-168}$	HK$\binom{-128}{-192}$	HK$\binom{-128}{-192}$	JL$\binom{-160}{-256}$	KL$\binom{-192}{-256}$
		>3.5～6.3	GJ$\binom{-108}{-180}$	GJ$\binom{-108}{-180}$	GJ$\binom{-120}{-200}$	HK$\binom{-160}{-240}$	HK$\binom{-160}{-240}$	HK$\binom{-160}{-240}$
		>6.3～10	GH$\binom{-120}{-160}$	GH$\binom{-120}{-160}$	GJ$\binom{-132}{-220}$	GJ$\binom{-132}{-220}$	HK$\binom{-176}{-264}$	HK$\binom{-176}{-264}$
	8	≥1～3.5	GJ$\binom{-120}{-220}$	GJ$\binom{-120}{-200}$	GJ$\binom{-132}{-220}$	HK$\binom{-176}{-264}$	HK$\binom{-176}{-264}$	HK$\binom{-176}{-264}$
		>3.5～6.3	FG$\binom{-100}{-250}$	GH$\binom{-150}{-200}$	GJ$\binom{-168}{-280}$	GJ$\binom{-168}{-280}$	GJ$\binom{-168}{-280}$	GJ$\binom{-168}{-280}$
		>6.3～10	FG$\binom{-112}{-168}$	FG$\binom{-112}{-168}$	FH$\binom{-128}{-256}$	GH$\binom{-192}{-256}$	GH$\binom{-192}{-256}$	GH$\binom{-192}{-256}$
	9	≥1～3.5	FH$\binom{-112}{-224}$	GJ$\binom{-168}{-280}$	GJ$\binom{-192}{-320}$	GJ$\binom{-192}{-320}$	GJ$\binom{-192}{-320}$	HK$\binom{-256}{-384}$
		>3.5～6.3	FG$\binom{-144}{-216}$	FG$\binom{-144}{-216}$	FH$\binom{-160}{-320}$	FH$\binom{-160}{-320}$	GJ$\binom{-240}{-400}$	GJ$\binom{-240}{-400}$
		>6.3～10	FG$\binom{-160}{-240}$	FG$\binom{-160}{-240}$	FG$\binom{-180}{-270}$	FG$\binom{-180}{-270}$	FG$\binom{-180}{-270}$	GH$\binom{-270}{-360}$

注：(1) GB/Z 18620.2—2008 给出了齿厚偏差与公法线长度偏差的关系式为

公法线长度上极限偏差：$E_{bns} = E_{sns} \cos \alpha_n$

公法线长度下极限偏差：$E_{bni} = E_{sni} \cos \alpha_n$

(2) 本表不属于国标规定，仅供参考。表中数值适用于一般传动。

参 考 文 献

[1]　濮良贵. 机械设计. 9 版. 北京: 高等教育出版社, 2013.

[2]　杨可桢. 机械设计基础. 6 版. 北京: 高等教育出版社, 2013.

[3]　王昆, 何小柏, 等. 机械设计、机械设计基础课程设计. 北京: 高等教育出版社, 1995.

[4]　郭瑞峰, 王凤梅, 等. 机械设计基础课程设计. 武汉: 华中科技大学出版社, 2015.

[5]　李育锡. 机械设计课程设计. 北京: 高等教育出版社, 2014.

[6]　柴鹏飞, 王晨光. 机械设计课程设计指导书. 北京: 机械工业出版社, 2008.

[7]　龚溎义. 机械设计课程设计指导书. 2 版. 北京: 高等教育出版社, 2011.

[8]　成大先. 机械设计手册. 5 版. 北京: 化学工业出版社, 2007.

[9]　闻邦椿. 机械设计手册. 5 版. 北京: 机械工业出版社, 2010.